Sitzungsberichte der Heidelberger Akademie der Wissenschaften
Mathematisch-naturwissenschaftliche Klasse

Die Jahrgänge bis 1921 einschließlich erschienen im Verlag von Carl Winter, Universitätsbuchhandlung in Heidelberg, die Jahrgänge 1922–1933 im Verlag Walter de Gruyter & Co. in Berlin, die Jahrgänge 1934–1944 bei der Weißschen Universitätsbuchhandlung in Heidelberg. 1945, 1946 und 1947 sind keine Sitzungsberichte erschienen.

Ab Jahrgang 1948 erscheinen die „Sitzungsberichte" im Springer-Verlag.

Inhalt des Jahrgangs 1962/64:

1. E. Rodenwaldt und H. Lehmann. Die antiken Emissare von Cosa-Ansedonia, ein Beitrag zur Frage der Entwässerung der Maremmen in etruskischer Zeit. (vergriffen).
2. Symposium über Automation und Digitalisierung in der Astronomischen Meßtechnik. Herausgegeben von H. Siedentopf. (vergriffen).
3. W. Jehne. Die Struktur der symplektischen Gruppe über lokalen und dedekindschen Ringen. (vergriffen).
4. W. Doerr. Gangarten der Arteriosklerose. (vergriffen).
5. J. Kuprianoff. Probleme der Strahlenkonservierung von Lebensmitteln. (vergriffen).
6. P. Čolak-Antić. Dreidimensionale Instabilitätserscheinungen des laminarturbulenten Umschlages bei freier Konvektion längs einer vertikalen geheizten Platte. Antiquarisch. Preis auf Anfrage.

Inhalt des Jahrgangs 1965:

1. S. E. Kuss. Revision der europäischen Amphicyoninae (Canidae, Carnivora, Mam.) ausschließlich der voroberstampischen Formen. Antiquarisch. Preis auf Anfrage.
2. E. Kauker. Globale Verbreitung des Milzbrandes um 1960. Antiquarisch. Preis auf Anfrage.
3. W. Rauh und H. F. Schölch. Weitere Untersuchungen an Didieraceen. Antiquarisch. Preis auf Anfrage.
4. W. Felscher. Adjungierte Funktoren und primitive Klassen. (vergriffen).

Inhalt des Jahrgangs 1966:

1. W. Rauh und I. Jäger-Zürn. Zur Kenntnis der Hydrostachyaceae. 1. Teil. Antiquarisch. Preis auf Anfrage.
2. M. R. Lemberg. Chemische Struktur und Reaktionsmechanismus der Cytochromoxydase (Atmungsferment). Antiquarisch. Preis auf Anfrage.
3. R. Berger. Differentiale höherer Ordnung und Körpererweiterungen bei Primzahlcharakteristik. (vergriffen).
4. E. Kauker. Die Tollwut in Mitteleuropa von 1953 bis 1966. (vergriffen).
5. Y. Reenpää. Axiomatische Darstellung des phänomenal-zentralnervösen Systems der sinnesphysiologischen Versuche Keidels und Mitarbeiter. (vergriffen).

Inhalt des Jahrgangs 1967/68:

1. E. Freitag. Modulformen zweiten Grades zum rationalen und Gaußschen Zahlkörper. (vergriffen).
2. H. Hirt. Der Differentialmodul eines lokalen Prinzipalrings über einem beliebigen Ring. (vergriffen).
3. H. E. Suess, H. D. Zeh und J. H. D. Jensen. Der Abbau schwerer Kerne bei hohen Temperaturen. Antiquarisch. Preis auf Anfrage.
4. H. Puchelt. Zur Geochemie des Bariums im exogenen Zyklus. (vergriffen).
5. W. Hückel. Die Entwicklung der Hypothese vom nichtklassischen Ion. Antiquarisch. Preis auf Anfrage.

Inhalt des Jahrgangs 1968:

1. A. Dinghas. Verzerrungssätze bei holomorphen Abbildungen von Hauptbereichen automorpher Gruppen mehrerer komplexer Veränderlicher in eine Kähler-Mannigfaltigkeit. Antiquarisch. Preis auf Anfrage.
2. R. Kiehl. Analytische Familien affinoider Algebren. Antiquarisch. Preis auf Anfrage.
3. R. Düren, G.-P. Raabe und Ch. Schlier. Genaue Potentialbestimmung aus Streumessungen: Alkali-Edelgas-Systeme. Antiquarisch. Preis auf Anfrage.
4. E. Rodenwaldt. Leon Battista Alberti – ein Hygieniker der Renaissance. Antiquarisch. Preis auf Anfrage.

Sitzungsberichte der Heidelberger Akademie der Wissenschaften
Mathematisch-naturwissenschaftliche Klasse
Jahrgang 1979/80, 5. Abhandlung

Margot Becke-Goehring

Anorganische Chemie
zwischen gestern und morgen
Ein Fragment

Mit 18 Abbildungen

Vorgelegt in der Sitzung vom 28. April 1979

Springer-Verlag Berlin Heidelberg GmbH 1980

Professor Dr. Dr.E.h. Margot Becke-Goehring
Scheffelstraße 4
6900 Heidelberg

ISBN 978-3-540-09928-4   ISBN 978-3-662-05766-7 (eBook)
DOI 10.1007/978-3-662-05766-7

Das Werk ist urheberrechtlich geschützt. Die dadurch begründeten Rechte, insbesondere die der Übersetzung, des Nachdruckes, der Entnahme der Abbildungen, der Funksendung, der Wiedergabe auf photomechanischem oder ähnlichem Wege und der Speicherung in Datenverarbeitungsanlagen bleiben, auch bei nur auszugsweiser Verwertung, vorbehalten. Bei Vervielfältigung für gewerbliche Zwecke ist gemäß § 54 UrhG eine Vergütung an den Verlag zu zahlen, deren Höhe mit dem Verlag zu vereinbaren ist.

© by Springer-Verlag Berlin Heidelberg 1980

Die Wiedergabe von Gebrauchsnamen, Warenbezeichnungen usw. in diesem Werk berechtigt auch ohne besondere Kennzeichnung nicht zu der Annahme, daß solche Namen im Sinne der Warenzeichen- und Markenschutz-Gesetzgebung als frei zu betrachten wären und daher von jedermann benutzt werden dürften.
Satz-, Druck- und Bindearbeiten: Beltz Offsetdruck, Hemsbach/Bergstraße
2125/3140-543210

I. Beginn

Die Geschichte der Anorganischen Chemie beginnt in dunkler Vorzeit[1]. Der Anfang ist unbestimmt. Soll man den Beginn der Anorganischen Chemie in die Zeit legen, in der man zuerst versuchte, Kupfer und Zinn zu Bronze zusammenzuschmelzen? Das wäre dann die Zeit um 3000 bzw. 2500 v. Chr. gewesen, als Sargon I von Akkad regierte[2]. Dann wäre der erste Anorganiker der Feuergott Gibil gewesen, auf den in Assyrien ein Hymnus gedichtet worden ist, in dem es heißt: »Des Kupfers und des Zinns Mischer bist Du!«[3] Oder liegt der Beginn der Anorganischen Chemie viel später? War es Anorganische Chemie und deren technische Weiterentwicklung, als die Römer ihre eisernen Schwerter mit Bleiweiß bestrichen[4], um das Eisen am Rosten zu hindern? Oder war PEDANIUS DIOSCORIDES aus Anazerba ein Erzvater der Anorganischen Chemie, der zur Zeit des Kaisers Nero die Herstellung von Bleiweiß als Medizin – oder auch als Gift – beschrieb?[5]

Ich will das Gestern der Anorganischen Chemie so früh nicht beginnen lassen. Auch die Zeit der Alchemisten soll hier noch nicht betrachtet werden, obgleich in dieser Zeit manche bedeutsame Entdeckung gemacht wird[6]. Der Beginn der Anorganischen Chemie als Wissenschaft wird hier vielmehr willkürlich und gleichzeitig konventionell, d. h. der heutigen disziplinären Matrix[7] entsprechend, auf das Jahr 1661 datiert. In diesem Jahr veröffentlichte ROBERT BOYLE[8] seinen ›Sceptical Chymist‹, in dem in einem Dialog zwischen dem Alchemisten Eleuterius und dem skeptischen Chemiker Carneades der Begriff des Elements erörtert wird. Der Schluß war, daß die vier Elemente des ARISTOTELES zusammengesetzt seien. BOYLE bezeichnete (S. 350 d. 1. Aufl.) als Elemente die einfachen Körper, die nicht aus anderen gemacht werden können und die Bestandteile der zusammengesetzten Körper sind. Vor allem aber wies BOYLE darauf hin, daß Behauptungen durch Versuche zu beweisen seien, daß die Qualitäten der Substanzen von ihrem Symbolgehalt unterschieden werden müßten[9].

II. Der Weg zum chemischen Element

Mit der Idee vom chemischen Element hat BOYLE noch nicht viel anzufangen gewußt. Er hatte auf das Experiment verwiesen, und viele Experimente mußten nun ausgeführt werden, bis die erste Liste gesicherter chemischer Elemente aufgestellt werden konnte. Für die Entdeckungsgeschichte der Elemente und die daraus folgende Entwicklung der Anorganischen Chemie hat das Bemühen um das Verständnis für den Vorgang der Verbrennung und die Entdeckung des Sauerstoffs eine Schlüsselstellung.

Die Untersuchungen, die über den Verbrennungsvorgang durchgeführt wurden, können hier nicht geschildert werden. Sowohl R. BOYLE als auch andere Mitglieder der Royal Society – vor allem J. MAYOW – versuchten, die Verbrennung und Atmung zu verstehen, indem sie salpeterluftige Teilchen annahmen (spiritus aeris nitrosus), mit deren Hilfe die Verbrennung eingeleitet und unterhalten wird. Daß der verbrennende Stoff sein Gewicht vermehrt, war diesen Forschern bekannt und BOYLE schrieb die Gewichtsvermehrung beim Übergang eines Metalls in seinen »Kalk« der hinzutretenden »Feuermaterie« zu[10].

Einen anderen theoretischen Ansatz zu Deutung der Verbrennungsvorgänge machte BECHER[11], der annahm, in allen Metallen befinde sich eine brennbare Substanz, die bei der Verbrennung ausgetrieben werde. Die umfassendste und sich fruchtbringend verbreitende Hypothese geht aber auf G. E. STAHL[12] zurück, der annahm, daß alle brennbaren Körper darum brennen, weil sie einen Feuerstoff, das Phlogiston, enthalten. Bei der Verbrennung (Verkalkung) entweicht das Phlogiston. Die edlen Metalle wie z. B. Gold sollten sich schwerer vom Phlogiston trennen lassen als z. B. ein Metall wie Blei[13]. Die Phlogistontheorie erwies sich als so fruchtbar zur Deutung von chemischen Umsetzungen und qualitativen Eigenschaften, daß man nicht mehr zur Kenntnis nahm, daß bereits festgestellt worden war, daß Metalle beim Verkalken schwerer werden. Das nach STAHL gewichtslose Phlogiston konnte dies nicht bewirkt haben! Gerade an diesem Problem wie auch am Problem der Beteiligung der Luft – oder eines Bestandteils der Luft – am Verbrennungsvorgang ist die Phlogistontheorie nach etwa 100jährigem Bestehen gescheitert[14].

Einer der ersten, der der Phlogistontheorie entgegentrat, war M. V. LOMONOSOV, der das »Verkalken« der Metalle als eine Vereinigung von diesen mit Luft ansah, die Gewichtszunahme bei diesem Vorgang dadurch erklärte und auch schon ein Gesetz von der Erhaltung der Materie (1758) formulierte: »Alle Veränderungen, die in der Natur vorkommen, sind von solcher Art, daß das, was von einem Körper entfernt, einem anderen zugefügt wird. So, wenn etwas von der Materie an einer Stelle abgenommen wird, so wird diese sich an einer anderen Stelle vermehren.«[15] Die Versuche und Schlußfolgerungen von LOMONOSOV wurden nicht beachtet. Ein grundlegender Wandel trat erst nach der Entdeckung des Sauerstoffs ein.

Bis heute besteht in der Literatur keine Einigung darüber, wer der eigentliche Entdecker des Sauerstoffs ist: SCHEELE, PRIESTLEY, LAVOISIER oder gar ein Vorläufer wie C. DREBBEL. Dieser Streit beruht auf einem Scheinproblem. Die Entdeckung des Sauerstoffs war auf Grund der herrschenden Theorie nicht zu erwarten oder vorauszusagen. Beobachtungen und Deutung der Beobachtungen, Aufbau einer neuen Theorie und Erhärtung dieser Theorie durch Experimente – das Alles brauchte Zeit und geistige und experimentelle Beiträge verschiedener Persönlichkeiten;[16] es hat keinen Sinn, einem Forscher allein den Entdeckerruhm zuzusprechen. Wahrscheinlich haben CARL SCHEELE[17] und JOSEF PRIESTLEY[18] ziemlich gleichzeitig reinen Sauerstoff aus Quecksilberoxid gewonnen – aber PRIESTLEY hat seine Ergebnisse eher veröffentlicht und LAVOISIER[19] hat im gleichen Jahr – 1774 – das Experiment bestätigt. Die Entdecker hielten das neue Gas für »fixierte Luft«, »nitrierte Luft«, »einfache« – aber gute – Luft und »dephlogistonierte Luft«. SCHEELE und PRIESTLEY hielten an der Phlogistontheorie fest, LAVOISIER aber kam zu ganz anderen Schlüssen. LAVOISIER dachte anders als seine Vorläufer; er sah nicht mehr so sehr auf die Qualitäten der Stoffe, sondern vielmehr auf die quantitativen Zusammenhänge. In einem seiner entscheidenden Versuche erhitzte LAVOISIER Quecksilber in Luft in einem abgeschlossenen Raum und stellte fest, daß das Luftvolumen um 1/6 vermindert wurde. Der Rückstand an Gas war zum Atmen und zur Verbrennung ungeeignet. Aus dem entstandenen Quecksilberoxid konnte durch Erhitzen wieder soviel Gas gewonnen werden, wie zuvor zum Calcinieren verbraucht worden war, und dieses Gas ergab mit dem Luftrückstand vermischt wieder atmosphärische Luft. Mit diesem Versuch – und mit anderen, z. B. mit Schwefel oder Phosphor – war der Grund gelegt für ein modernes Verständnis der Verbrennung, der Oxydation, der Atmung, aber auch der Zusammensetzung der atmosphärischen Luft[20].

Die hier nur angedeuteten Vorgänge zeigen, wie Evolution in der Chemie vor sich geht: Durch Anwendung eines Instruments, durch Entwickeln einer Methodik wird eine hinderliche Theorie – die Phlogistontheorie – widerlegt. Neue Probleme werden sichtbar und eine neue Theorie wird aufgestellt, die zur Deutung von Experimenten – der Gewichtszunahme bei der Verbrennung – geeignet ist und zu neuen Experimenten – z. B. der Isolierung von Sauerstoff aus den Verbrennungsprodukten oder der Zerlegung von Wasser beim Erhitzen – führt.

LAVOISIER formte für die Chemie ein Paradigma[21], und dieses führt nun eine Blütezeit der Anorganischen Chemie herauf, obgleich LAVOISIER selbst 1794 unter der Guillotine endet – begleitet von den Worten des COFFINHAL »La république n'a point besoin de savants«[22].

III. Die erste Blüteperiode der Anorganischen Chemie

Wichtig für das Emporwachsen der ersten Blüte ist zunächst eine Bestandsaufnahme. Eine erste Darstellung des Wissens auf dem Gebiet der Anorganischen Chemie gibt LAVOISIER 1789 noch selbst[19]; eine sehr gründliche und wegweisende Darstellung gibt dann 1817 LEOPOLD GMELIN in seinem »Handbuch der theoretischen Chemie«[23].

Als zweite wichtige Voraussetzung für das chemische Forschen erwies sich die Schaffung einer Sprache, die es gestattete, chemische Vorgänge einfach und allgemein verständlich zu beschreiben und die außerdem die quantitativen Verhältnisse wiedergeben konnte. Schon LAVOISIER und BERTHOLLET versuchten sich an einer Nomenklatur. Der entscheidende Durchbruch gelang aber erst 1828 BERZELIUS[24].

Während früher merkwürdige Zeichen Elemente und z. T. auch andere chemische Ausgangsstoffe symbolisiert hatten, wählte BERZELIUS als Symbol für die Elemente einfach die Anfangsbuchstaben des Namens. Diese Buchstaben bezeichnen seither Namen, Eigenschaften und Atomgewicht (d.h. die Zahl, die angibt, wieviel mal das betreffende Element schwerer ist als Wasserstoff, der von BERZELIUS mit 1,000 angegeben wurde). So ergab sich damals Oxygenium[25] = Sauerstoff = O = 16,026; Ferrum = Eisen = Fe = 54,363; Sulphur = Schwefel = S = 32, 239 usw.[26]. BERZELIUS hat selbst seine Nomenklatur zwar dadurch kompliziert, daß er manche Formeln chemischer Stoffe glaubte verdoppeln zu müssen, aber sie dann doch einfach aber durchstrichen schrieb; z.B. statt Wasser = H_2O schrieb er $\bar{H}O$, statt Phosphorpentoxid = P_2O_5 schrieb er $\bar{P}O_5$ usw. Erst unter dem Einfluß von CANNIZARRO bürgerte sich 1862–1864 die heute noch gebräuchliche einfache Schreibweise ein[27].

Die erste Blütezeit der Anorganischen Chemie ist aber auch mit dem *experimentellen* Werk von JÖNS JAKOB BERZELIUS[24] entscheidend verbunden, der 1803 das Cer entdeckte, 1817 das Selen. 1824 machte er uns mit dem Zirkon bekannt, 1829 mit dem Thorium. 1804 fand WOLLASTON Palladium und Rhodium, während SMITHSON TENNANT Osmium und Iridium isolieren konnte. Die Entdeckungsgeschichte der Elemente[28] kann hier nur gestreift werden. Aufschlußreich ist, daß LAVOISIER 28 Elemente kannte, GMELIN beschreibt 1817 schon 48[29].

Neben der Entdeckung der Elemente entwickelt sich die Kenntnis von der chemischen Verbindung.

Schon um 1800 hatte DALTON[30] gefunden, daß sich die Elemente in ganz bestimmten Gewichtsverhältnissen miteinander verbinden. Verbinden sich mehrere Elemente in verschiedenen Gewichtsverhältnissen miteinander, so stehen diese Gewichtsverhältnisse im Verhältnis einfacher ganzer Zahlen zueinander. D.h. DALTON fand die Gesetze von den konstanten und multiplen Proportionen[31]. Diese Gesetze haben in der Folgezeit die Chemie lange beherrscht. Heute wissen wir um ihren beschränkten Gültigkeitsbereich, obgleich sie durch mehr als 2000 Analysen – viele davon hat schon BERZELIUS ausgeführt – bestätigt worden waren.

Die stöchiometrischen Gesetze wurden ergänzt durch Erkenntnisse von Reaktanden und Reaktionsprodukten bei Gasreaktionen. JOSEPH LOUIS GAY-LUSSAC[32] stellt 1808 das chemische Volumgesetz auf, nach dem das Verhältnis der Volumina gasförmiger Stoffe, die an einer Reaktion teilnehmen, durch einfache ganze Zahlen wiedergegeben werden kann – gleichen Druck und gleiche Temperatur vorausgesetzt.

Aus diesen Gesetzen folgt fast zwangsläufig die Vorstellung, daß es kleinste Teilchen der Elemente gibt, die noch alle Qualitäten der Elemente tragen. Diese *Atome* können sich miteinander zu Molekülen verbinden. Die Vereinigung sowohl von artgleichen als auch von artfremden Atomen zu Molekülen ist denkbar. Die Atomhypothese wird schon 1806 von DALTON aufgestellt, während der Begriff des Moleküls erst 1811 von AMADEO AVOGADRO[33] eingeführt wird.

Um 1860 herum sind diese Theorien befestigt, sie bilden die disziplinäre Matrix, und alles, was in der Anorganischen Chemie nun geschieht, ist eine Folge der Benutzung der Atomhypothese[34].

Zunächst fesselt besonders die Vielzahl der Elemente den Blick. Die Eigenschaften der Elemente variieren. Betrachtet man die Eigenschaften aber näher, so sieht man, daß manche Elemente untereinander eine Art von Verwandtschaft zeigen im chemischen Reaktionsvermögen und in manchen physikalischen Eigenschaften. Dies veranlaßte viele Forscher, darüber nachzudenken, ob man die Elemente aufgrund solcher Ähnlichkeiten sinnvoll ordnen könne[35]. Als erster hat dies wohl WOLFGANG DÖBEREINER[36] versucht. Er ordnet eine Reihe von Elementen in Triaden, z. B. Chlor – Brom – Jod; Schwefel – Selen – Tellur; Lithium – Natrium – Kalium. Es zeigt sich, daß eine Beziehung zwischen den Atomgewichten dieser Elemente und der Stellung in der Triade besteht. Das Mittelglied der Triade zeigte jeweils ein Atomgewicht, das dem arithmetischen Mittel der Atomgewichte der beiden äußeren Glieder sehr ähnlich war. 1872 ordnet der Geologe CHANCOURTOIS eine größere Anzahl von Elementen nach ihren Atomgewichten, und er findet, daß Elementeigenschaften in diese Ordnung passen. NEWLANDS geht auf diesem Weg weiter.

Schließlich stellen kurz hintereinander 1869 D. F. MENDELÉJEFF und LOTHAR MEYER[37] das erste vollständige System der Elemente auf, das wir heute Periodensystem nennen. Elemente mit analogen Eigenschaften stehen zusammen, bilden Reihen. Bei einer Anordnung nach Atomgewicht und Eigenschaften ergibt sich eine periodisch wiederkehrende Analogie.

Tabelle 1. Erstes Periodensystem von MENDELÉJEFF (1869)

				Ti = 50	Zr = 90	? = 180
				V = 51	Nb = 94	Ta = 182
				Cr = 52	Mo = 96	W = 186
				Mn = 55	Rh = 104,4	Pt = 197,4
				Fe = 56	Ru = 104,4	Ir = 198
			Ni = Co = 59		Pd = 106,6	Os = 199
H = 1				Cu = 63,4	Ag = 108	Hg = 200
	Be = 9,4	Mg = 24		Zn = 65,2	Cd = 112	
	B = 11	Al = 27,4		? = 68	Ur = 116	Au = 197?
	C = 12	Si = 28		? = 70	Sn = 118	
	N = 14	P = 31		As = 75	Sb = 122	Bi = 210
	O = 16	S = 32		Se = 79,4	Te = 128?	
	F = 19	Cl = 35,5		Br = 80	I = 127	
Li = 7	Na = 23	K = 39		Rb = 85,4	Cs = 133	Tl = 204
		Ca = 40		Sr = 87,6	Ba = 137	Pb = 207
		? = 45		Ce = 92		
		?Er = 56		La = 94		
		?Yt = 60		Di = 95		
		?In = 75,6		Th = 118?		

Eine Fülle von Experimenten diente dazu, weitere Analogien zu suchen; immer wieder wurden interessante neue Aspekte gefunden, die das Bild von der Chemie bereicherten und gleichzeitig vereinfachten.

Sehr kühn sagte MENDELÉJEFF voraus, daß es noch unbekannte Elemente geben müßte. Er zeigte, wo diese im Periodensystem stehen müßten und sagte voraus, welche Eigenschaften sie auf Grund dieser Stellung im System haben sollten. Diese Theorie erfuhr ihre glänzende Rechtfertigung, als diese Elemente dann tatsächlich entdeckt wurden. 1875 das Gallium[38], 1878 das Scandium[39] und 1886 das Germanium[40]. Im folgenden sind die für ein Ekasilicium vorausgesagten Eigenschaften denen gegenübergestellt, die dann bei Germanium tatsächlich gefunden wurden. Die Angaben sprechen für sich selbst.

Tabelle 2. Vergleich von Ekasilicium und Germanium

Eigenschaften	Eka-Si (1871)	Ge (1886)
Atomgewicht	72	72,32
Dichte	5,5	5,47
Spezifische Wärme	0,073	0,076
Atomvolumen in ccm	13	13,22
Farbe	dunkelgrau	grau
Dichte des Dioxids	4,7	4,703
Siedepunkt des Tetrachlorids	100°	86°
Dichte des Tetrachlorids	1,9	1,887
Sdp. des Tetraäthylderivats	100°	160°

Dies sind nun aber auch die letzten Elemente, die mit Hilfe der chemischen Analyse, d.h. mit Hilfe von Waage und Meßzylinder gefunden werden. Andere Elemente werden nun mit einer neuen Methode entdeckt, die schon 1860 von GUSTAV ROBERT KIRCHHOFF und ROBERT BUNSEN[41] entwickelt worden war, der Spektralanalyse. Mit dieser Methode sieht BUNSEN in der Dürkheimer Sole Rubidium und Cäsium. Als die Spektralanalyse auf das Röntgengebiet ausgedehnt wird, kann der 26jährige HENRY MOSELEY[42] 1913 eine bessere Grundlage für die Anordnung der Elemente im Periodensystem geben und gleichzeitig eine vorzügliche Methode liefern, um Lücken in diesem System aufzufinden. Mit Hilfe des Moseley-Spektrums kann man geeignete Mineralien auf neue Elemente »abklopfen«[43]. Nur einmal versagte diese Methode, als fälschlich (auch heute weiß man noch nicht auf Grund welchen Irrtums) von dem Ehepaar NODDAK das damals sog. Masurium scheinbar entdeckt wurde[44,44a].

Nun wandelt sich auch die Vorstellung vom Atom, das bald als ein System verstanden wird, in dem sich leichte, negativ geladene Elektronen um einen schweren, positiv geladenen Kern nach bestimmten Gesetzen scheinbar bewegen. Kernladungszahl und Elektronenzahl sind gleich, und eine Ordnung der Elemente nach diesen Zahlen ist zweckmäßig.

Basierend auf dem mit den Geräten Waage, Meßzylinder und Spektroskop Gefundenem wird auch die erste Bindungstheorie entwickelt.

Schon BERZELIUS hatte die Ansicht vertreten, daß in den chemischen Verbindungen die Atome der Elemente elektrisch geladen seien, Metallatome positiv, Nichtmetallatome negativ. Die elektrischen Ladungen und die resultierenden Coulomb-Kräfte sollten die Bindung der Atome aneinander verursachen. Diese chemische Bindung durch elektrostatische Kräfte war prinzipiell als ungerichtet anzusehen. Die Bindungsenergie mußte vom Abstand der Bindungspartner, d.h. von der Ausdehnung der Bindungspartner abhängig sein.

Die einfache Theorie von BERZELIUS wurde freilich 1857 von KEKULÉ und FRANKLAND[45] verlassen. KEKULÉ ging mehr von morphologischen Gesichtspunkten aus; er forderte gerichtete Bindungskräfte, Valenzkräfte, die zwischen den Atomen wirken. Die Theorie von KEKULÉ hatte große Erfolge in der organischen Chemie. Sie führte – besonders nach der Arbeit von VAN'T HOFF und LE BEL[46], die die tetraedrische Orientierung der Valenzen des Kohlenstoffs postulierten –, zur Aufstellung der Strukturformel und zur Deutung der Lagerung der Atome im Raum, d.h. zur Deutung des Molekülbaus von Millionen organischer Stoffe. Die Theorie von KEKULÉ erwies sich aber nicht als geeignet zur Deutung eines großen Teils der anorganischen Verbindungen. Hier war die ältere Theorie von BERZELIUS fruchtbarer.

Für einzelne Teilgebiete der Chemie ergab sich also ein verschiedenes Paradigma. Die daraus resultierende unterschiedliche Denkweise hat lange Zeit eine heute immer mehr verschwindende Barriere zwischen Anorganischer Chemie und Organischer Chemie aufgerichtet.

Das Paradigma von BERZELIUS wird 1916 von W. KOSSEL[47] verfeinert, der vorschlägt, daß Bindung dadurch zustandekommen soll, daß von dem einen zu bindenden Atom ein Elektron oder mehrere Elektronen abgelöst werden und auf das andere zu bindende Atom übergehen. So sollen sich elektrisch geladene Teilchen mit besonders stabilen Elektronenschalen bilden, die durch elektrostatische Kräfte zusammengehalten werden. Gerade aus dieser Verfeinerung des Paradigmas erwachsen nun bestimmte festgefügte Formen wissenschaftlichen Forschens, erwächst eine disziplinäre Matrix. Innerhalb dieser Matrix gibt es zahlreiche Rätsel, die gelöst werden. Zahllose Arbeiten, die nun im 20. Jahrhundert erscheinen, gehören zu diesem wichtigen Rätsellöserprozeß. Diese Tendenzen erfahren einen besonderen Auftrieb, nachdem – basierend auf den 1912 bzw. 1913 von MAX V. LAUE bzw. BRAGG gemachten Entdeckungen – die Methode der Beugung von Röntgenstrahlen zur Aufklärung des Gitterbaus von Kristallen benutzt wird. Es wird gezeigt, daß der Aufbau der Kristalle im einzelnen – der Gittertyp – sich weitgehend nach der Größe der Ionen richtet. Bei bestimmten Radienverhältnissen werden ganz bestimmte sog. Koordinationszahlen bevorzugt. Die Koordinationszahlen bestimmen die Lagerung der Atome bzw. Ionen im Kristall.

Die Welt der anorganischen Stoffe stellte sich danach dar als bestehend aus symmetrisch aufgebauten Festkörpern von prinzipiell unendlicher Ausdehnung, die aus dichtgepackten Kugeln gebildet wurden, die sich elektrostatisch anziehen. – Der Begriff des chemischen Moleküls wurde in dieser Welt nicht mehr benötigt! – Alle Eigenschaften dieser Festkörper waren untersuchenswert und wurden gemessen: Die Bildungsenthalpie, die Ionenradien, aber auch das magnetische Verhalten, die Dichte, die Zusammenhänge zwischen Struktur, Härte und Festigkeit, das Verhalten bei hohen und bei tiefen Temperaturen, das elektrische und spektroskopische Verhalten usw. Viele Messungen und viele Gleichungen, die die Daten verknüpfen, machten langsam aus der Anorganischen Chemie eine Physikalische Chemie. Es gab eine Zeit, in der die anorganischen Chemiker selbst dachten, daß es eigentlich gar keine Zukunft der Anorganischen Chemie mehr gäbe, sondern daß diese vielmehr in die exakte Physikalische Chemie einmünden müsse.

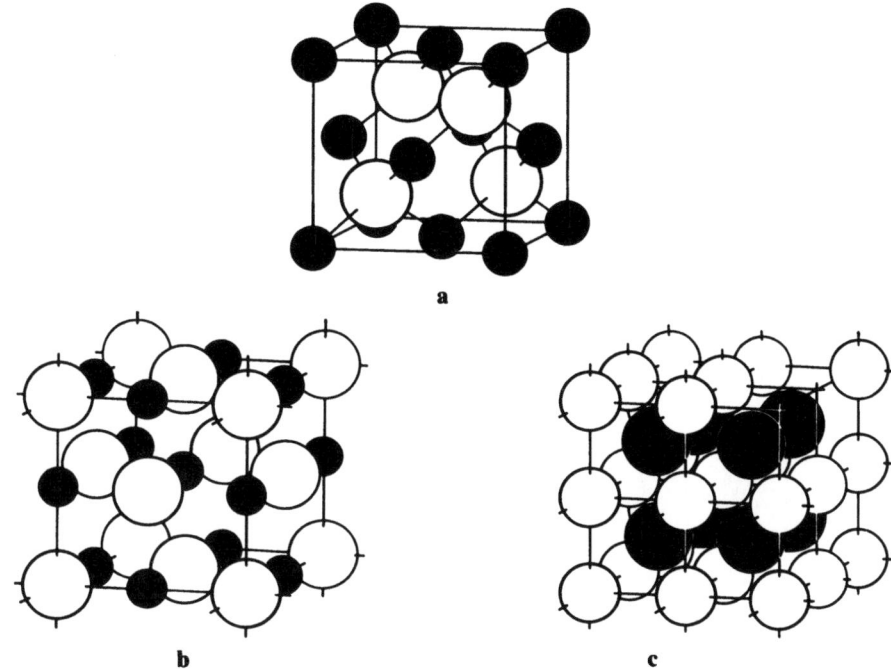

Abb. 1. a) ZnS Zinkblende-Struktur: 4:4-Koordination; **b)** NaCl-Struktur: 6:6-Koordination; **c)** CsCl-Struktur: 8:8-Koordination

Tabelle 3. Bei der Zusammensetzung AB besteht folgender Zusammenhang zwischen Koordinationszahl und Radienverhältnis $R_A : R_B$:

Typ	Koordinationszahl	$R_A : R_B$	Beispiel
Cäsiumchlorid	8	1,000 bis 0,732	CsCl
Kochsalz	6	0,732 bis 0,414	NaCl
Zinkblende oder Wurzit	4	0,414 bis 0,225	BeO

Dies schien besonders deutlich zu werden, als die Theorie der elektrovalenten Bindung durch eine Arbeit von GRIMM, BRILL, HERMANN und PETERS im Jahr 1938 bestätigt wurde[48]. Am Kochsalz, NaCl, wurde die Elektronendichteverteilung festgestellt: Die Atomlagen sind durch hohe Elektronendichten charakterisiert; zwischen den Atomen – Ionen – sinkt die Ladungsdichte auf Null ab. Das Bild von den elektrisch geladenen Kugeln, die sich anziehen, hatte sich also in diesem Fall als richtig erwiesen. Das entscheidende Rätsel innerhalb der disziplinären Matrix war gelöst.

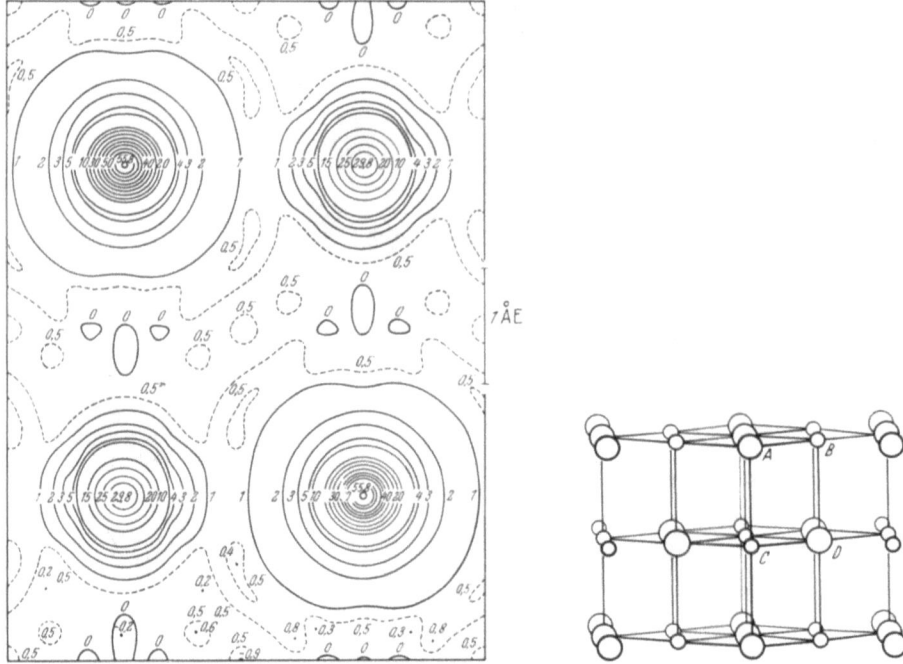

Abb. 2. Projektion der Elektronendichte des NaCl-Gitters auf die (110)-Fläche. Zur Orientierung ist rechts das Gitter in üblicher Darstellungsweise gezeichnet, und zwar in der Projektionsrichtung gesehen. Das Rechteck A B C D ist links projiziert, wobei die Verbindungslinie A C unverkürzt bleibt

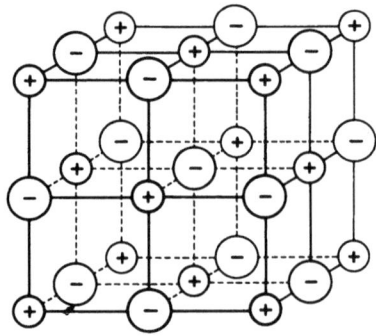

Abb. 3. Kristallgitter des Natriumchlorids (schematisch)

Der Versuch, dieses Bild zu verallgemeinern, ist natürlich. Frühzeitig versucht man es auf Metalle und Metallegierungen anzuwenden. Die Hume-Rothery-Phasen[49], wie sie in den Systemen Kupfer/Zink und Kupfer/Zinn z. B. vorkommen, zeigen ein charakteristisches Verhältnis von Zahl der Valenzelektronen[50] zu Zahl der Atome: 21:12; 21:13; 21:14. An diese Verhältnisse sind bestimmte Strukturen gebunden. Diese Erscheinung legte die Vermutung nahe, daß auch hier die Valenzelektronen, die bei der Verbindungsbildung abgegeben werden können, eine entscheidende Rolle spielen, d. h. daß sich hier so etwas wie eine elektrovalente Bindung andeutet.

Aber bei der Untersuchung der Laves-Phasen[51] – intermetallischen Verbindungen vom Typ AB_2 (z. B. $MgZn_2$, $MgCu_2$, $MgNi_2$) erwies sich schon, daß Valenzkräfte zwischen Atomen gleicher Art eine ebenso große Rolle spielen müssen wie solche zwischen Atomen verschiedener Art. Das paßte daher nicht mehr zu dem Paradigma. Die Koordinationszahl beherrscht aber auch hier die Struktur und damit die Verbindung.

Noch eine weitere Anomalie wurde gerade bei den Verbindungen der Metalle untereinander beobachtet. Es zeigt sich deutlich, daß hier ein Grundgesetz der Chemie nicht gilt: das Gesetz von den konstanten Proportionen. Trotz der vielen Versuche, durch die dieses Gesetz erhärtet worden war, erwies es sich als Grenzgesetz. Anstelle der konstant zusammengesetzten Verbindung tritt die Phase. Man lernt, daß dies nicht nur so ist, wenn Metalle zusammentreten, sondern vielfach auch dann auftritt, wenn sich Metall und Nichtmetall miteinander verbinden. So hat z. B. das Eisensilicid nicht die genaue Zusammensetzung $FeSi_2$, sondern einen Gehalt zwischen 68,8 und 72,1 Atom-% Si, und das Eisensulfid, das man normalerweise als FeS formuliert, kann bis zu 3,3 Atom-% mehr Schwefel enthalten, als der Formel entspricht[52]. Die Beispiele ließen sich vervielfachen.

IV. Die zweite Blüteperiode der Anorganischen Chemie

Die zweite Blüte der Anorganischen Chemie folgt nicht chronologisch auf die erste. Zeitlich überschneiden sich die Perioden vielmehr. Aber die Perioden unterscheiden sich durch das herrschende Paradigma und durch die Gebiete, die infolge der anderen Denkweise erschlossen werden. Die Beobachtungen einer Anomalie, die nicht in das herrschende Denkschema paßt, leitet die neue Periode ein.

Im Sommersemester 1892 las in Zürich der junge, aus dem Elsaß stammende Privatdozent ALFRED WERNER[53] eine Vorlesung über Atomtheorie und Valenz. WERNER war Organiker und seine Valenztheorie war nicht die von BERZELIUS, sondern die von KEKULÉ. Durch die Vorlesung wurde es WERNER bewußt, daß man von vielen anorganischen Stoffen zu wenig wußte. Da er fand, daß dies vor allem für ihn selbst galt, beschloß er »Ausgewählte Kapitel der Anorganischen Chemie« zu lesen[54]. Dabei stieß er auf die Tatsache, daß Nickelsalze sich mit

Ammoniak zu stabilen »Verbindungen höherer Ordnung« von verschiedener aber konstanter Zusammensetzung zusammenzulagern vermögen. Solche Verbindungen höherer Ordnung fand er nicht nur bei Nickel beschrieben, sondern bei sehr vielen Metallsalzen. Das Problem der Bindung in diesen Stoffen beschäftigte WERNER so, daß er in einer Dezembernacht des Jahres 1892 nachts um 2 Uhr aufwachte und unter Zuhilfenahme von starkem Kaffee einen Einfall zur Deutung dieser Verbindungen niederschrieb. Um 5 Uhr nachmittags war die Publikation fertig; sie wurde der jungen Zeitschrift für Anorganische Chemie zugesandt und 1893 publiziert.

Eine »geniale Frechheit« hat ein Kollege das Vorgehen WERNERS genannt; denn WERNER hatte zu seiner Theorie noch kein einziges Experiment gemacht, als er sie veröffentlichte. Er hat dies allerdings nachgeholt. Mehr als 8000 neue Verbindungen hat WERNER hergestellt, um seine Theorie zu verdeutlichen und zu untermauern. WERNER nannte die Verbindungen höherer Ordnung, die auch im Gaszustand und/oder in Lösung stabil waren, »Komplexverbindungen«. Er kümmerte sich aber nicht weiter um diese fragwürdige Definition[55] und auch nicht um eine Bindungstheorie, sondern er betrachtete die Komplexe phänomenologisch. Nicht die Art der Kräfte wurde von WERNER ins Blickfeld gerückt, sondern die Gestalt. Das zentrale Atom – oder Ion – ist nach WERNER von anderen Atomgruppen, Atomen, Ionen oder auch Molekülen umgeben – den Liganden –. Die Zahl der Liganden bestimmt die meist hochsymmetrische Struktur der Verbindung[56]. Diese Koordinationszahl gewinnt also jetzt eine Bedeutung für die Molekülchemie.

Ein charakteristisches Beispiel für die Denkweise von Werner und eine einleuchtende Beweisführung sei im folgenden gegeben:

Es gibt Platinkomplexe, die Chlor und Ammoniak enthalten mit der Zusammensetzung $PtCl_4 \cdot 6\ NH_3$; $PtCl_4 \cdot 5\ NH_3$; $PtCl_4 \cdot 4\ NH_3$; $PtCl_4 \cdot 3\ NH_3$; $PtCl_4 \cdot 2\ NH_3$. Werner untersuchte die Leitfähigkeit dieser Stoffe in sehr verdünnter wäßriger Lösung. Er fand das im folgenden wiedergegebene Bild, in das noch die Verbindungen $PtCl_4 \cdot KCl \cdot NH_3$ und $PtCl_4 \cdot 2\ KCl$ einbezogen sind. Aus den Leitfähigkeitswerten ergibt sich die Zahl der Ionen, in die die jeweilige Verbindung in wäßriger Lösung zerfällt. Aus dieser Zahl kann man eindeutig die Anordnung der Liganden in innerer und – abdissoziierbarer – äußerer Sphäre ablesen, wie sie in der Abbildung angegeben ist.

Mit der Wernerschen Theorie eröffnet sich ein weites Feld für die Anorganische Chemie, eine Blütezeit, die heute noch immer anhält. Jetzt werden unzählige Arbeiten durchgeführt, um zu zeigen, wie die Liganden angeordnet sind. Ligandenaustauschreaktionen werden studiert, ihre Kinetik vermittelt, interessante Erscheinungen über die Möglichkeit der Annäherung eines Reagens an den Komplex werden beobachtet, das magnetische Verhalten wird gedeutet.

Die Arbeiten von LINUS PAULING[57] und von H. HARTMANN[58] erweisen sich in den 30er Jahren als besonders fruchtbar. Seine Krönung findet das Wernersche Werk, als E. O. FISCHER, WILKINSON und NESMEYANOV die Chemie der

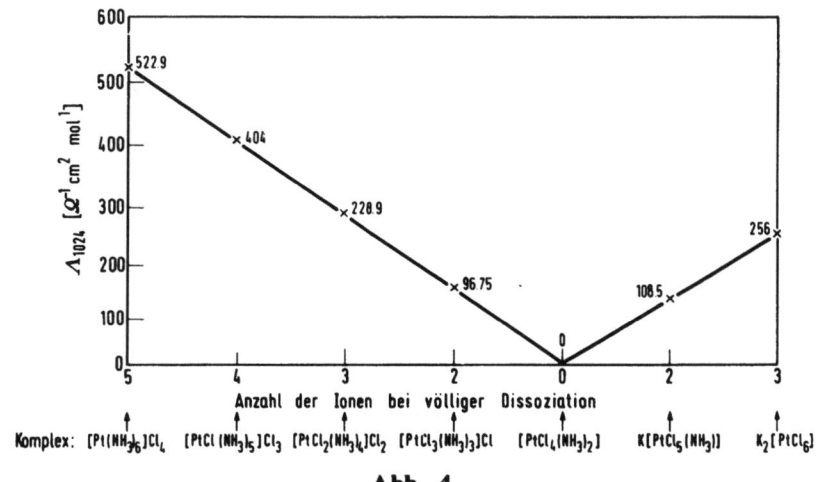

Abb. 4

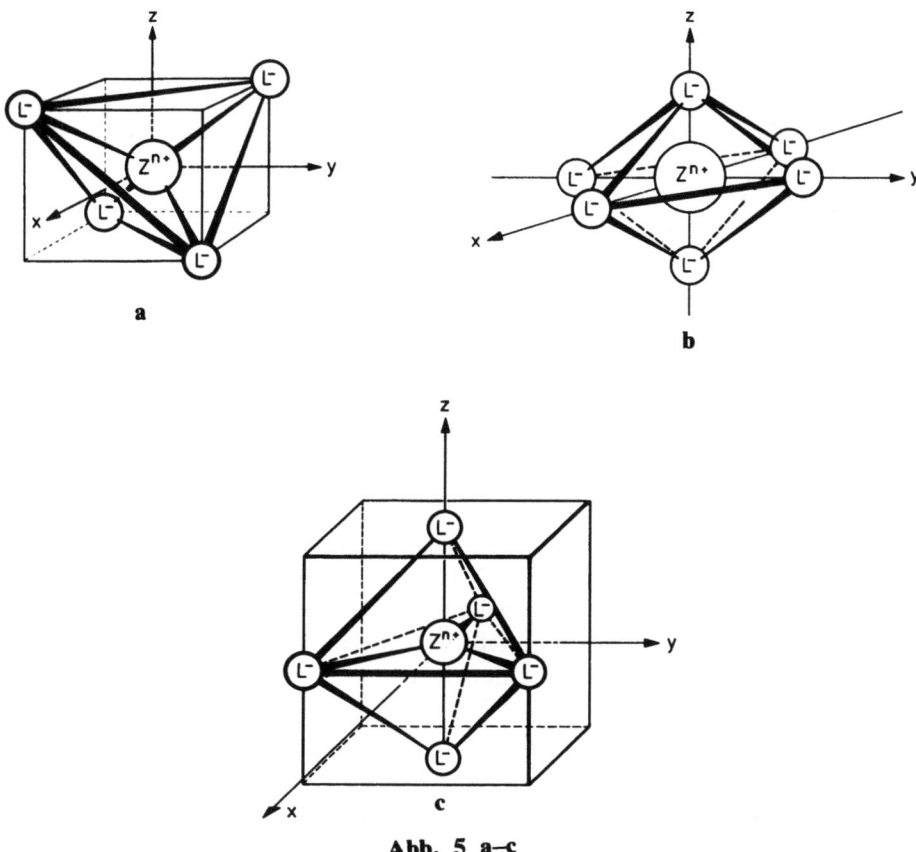

Abb. 5 a–c

metallorganischen Verbindungen erschließen – eine Chemie, die uns noch heute mehr als 1000 neue Verbindungen im Jahr beschert[59,60].

Als man nach den Bindekräften zwischen Zentralatom und Liganden frug, zeigte sich, daß man verschiedene Modelle benutzen kann. Das einfachste Bild ist das von geladenen Kugeln, die sich anziehen, wenn das Zentralion positive und die Liganden negative Ladungen tragen. Da die gleichsinnig geladenen Ionen sich abstoßen, resultiert eine symmetrische Anordnung der Liganden. Dieses Bild gilt auch, wenn die Liganden nicht negativ geladen sind, sondern lediglich eine unsymmetrische Ladungsverteilung im Molekül besitzen, d.h. wenn es sich um Dipolmoleküle handelt. Die Liganden besetzen dann z.B. die Ecken eines Tetraeders, eines Oktaeders oder einer trigonalen Bipyramide[61] (vgl. Abb. 5).

Für die oben beschriebenen Strukturen könnte die Theorie von der elektrostatischen Wechselwirkung angewendet werden. Nun aber gibt es auch Komplexe mit der Koordinationszahl 4 und quadratischem, also ebenem Bau. Hierzu gehören die meisten Komplexe von Nickel oder Platin mit der Koordinationszahl 4. Ebenen Bau kann man sich nicht vorstellen, wenn man nicht gerichtete Bindekräfte annimmt[62]. N. V. SIDGWICK hatte ein solches zweites Bild seit 1923[63] benutzt, indem er die Theorie von G. N. LEWIS[64] von der Elektronenpaarbindung auf Komplexe anwandte. Danach stellt ein Ligand ein Elektronenpaar zur Verfügung, das sich zwischen Zentralatom und Ligand aufhält und die Bindung bewirkt, wie nach der Theorie von KEKULÉ das etwa zwischen Kohlenstoffatomen befindliche Elektronenpaar. LEWIS hat dann noch die »Edelgasregel« aufgestellt, d.h. jedes Atom soll durch die Bindung so viele Elektronen um sich versammeln können, wie sie ein Edelgas enthält[65]. Heute weiß man, daß sich die Frage, ob kovalente oder heterovalente Bindung vorliegt, nur einigermaßen sicher lösen läßt, sofern es gelingt, eine vollständige Verteilung der Elektronendichte zu messen[66]. Aber man kann das Problem auch als eine Scheinfrage ansehen, die sich bei einem quantitativen Ausbau der Theorien, gleichgültig von welchem Extremfall man ausgeht, auflöst[67].

Der Ausbau der Valenzbindungstheorie – Kovalenz – von LEWIS[68] führte dazu, daß man die Atomfunktionen – genauer ein Teil dieser Funktionen, die man Orbitale nennt – der Bindungspartner kombiniert. Eine Bindung tritt ein, wenn ein Atomorbital mit dem eines anderen Atoms überlappen kann. Die Bindung, die durch ein gegebenes Orbital verursacht wird, muß sich in der Richtung erstrecken, in der das Orbital konzentriert ist. Die folgende Abbildung der wichtigsten einfachen Orbitale läßt verstehen, was gemeint ist. Betrachtet man etwa Bild 6 b) und 6 c), so leuchtet ein, daß zwei Bindungen, die von diesen beiden p-Orbitalen ausgehen, einen Winkel von 90° miteinander bilden müssen. Die Stereochemie wird aber erst deutbar, wenn man berücksichtigt, daß sich die Winkelfunktionen des Atoms durch Überlagerung in zwei neue Funktionen umwandeln können. Durch Überlagerung der Wellenfunktionen kann der negative Teil einer Wellenfunktion den positiven Teil einer anderen aufheben

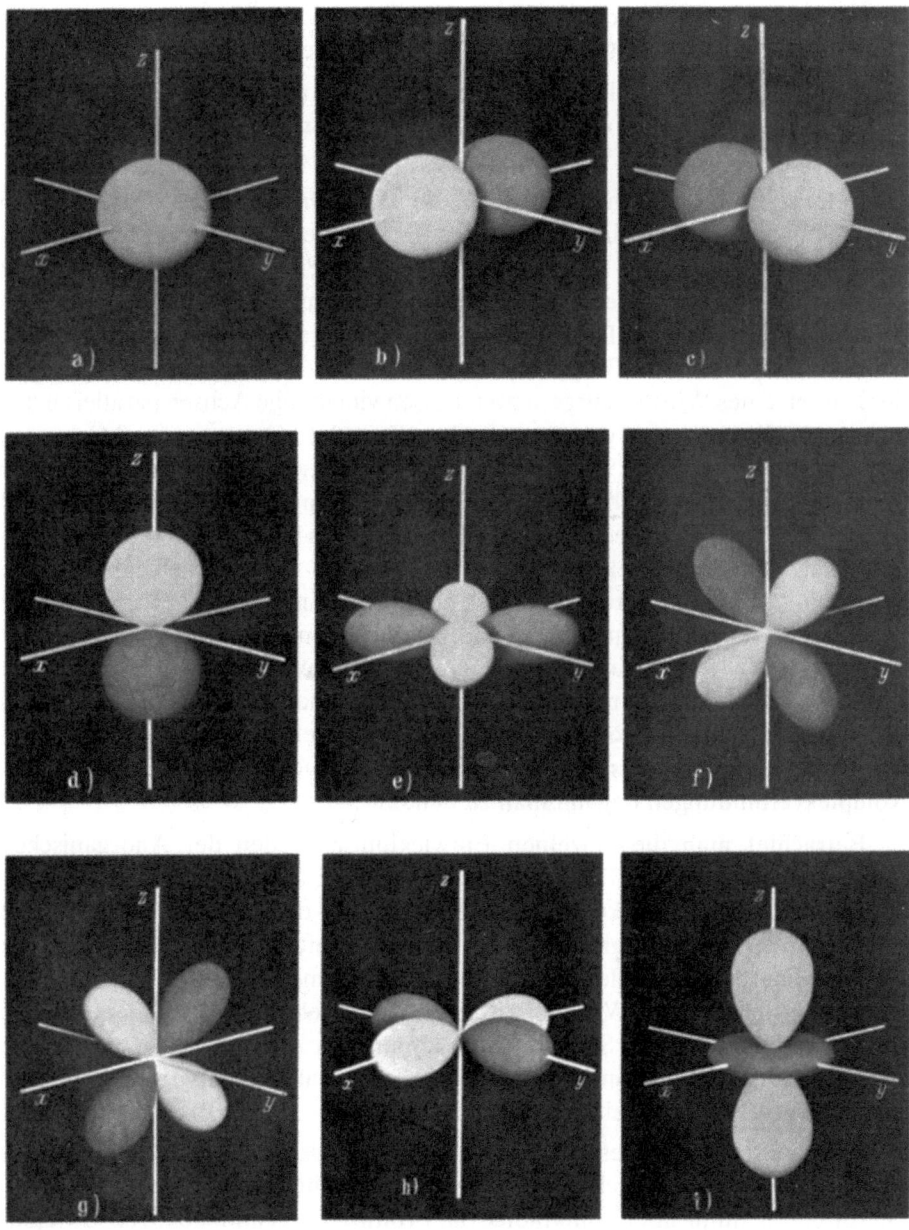

Abb. 6. Modelle, die die Winkelfunktionen ($\Theta\Phi$) darstellen für **a)** s-Orbitale, **b)** p_x-Orbitale, **c)** p_y-Orbitale, **d)** p_z-Orbitale, **e)** d_{xy}-Orbitale, **f)** d_{yx}-Orbitale, **g)** d_{xz}-Orbitale, **h)** d_{x2-y2}-Orbitale und **i)** d_{z2}-Orbitale. Die positiven Orbitallappen sind hell, die negativen dunkel getönt. Der Maßstab ist so gewählt, daß sich die maximalen Projektionen für (a):(b), (c), (d):(e), (f), (g), (h):(i) wie 1:1, 732:1, 936:2, 236 verhalten (siehe L. PAULING, The Nature of the Chemical Bond, 3rd Edition, Cornell Press, Ithaca, New York, 1960, 111, 151, 152)

und andererseits kann durch Überlagerung von zwei positiven Teilen die neue Funktion in dem betreffenden Gebiet vergrößert werden[69].

Eine Verfeinerung des Bildes führt gewissermaßen zur Synthese von elektrostatischer Theorie und Valenzbindungstheorie. Dies sei hier nur kurz angedeutet:

In einem oktaedrischen Komplex, in dem ein zentrales Kation von 6 Antionen umgeben ist, wird das Feld des Kations die Anionen polarisieren, und das kombinierte Feld der Anionen muß interessante Wirkungen auf das Kation ausüben. Wichtig ist die Auswirkung auf die nicht vollständig besetzten d-Orbitale des Kations. Die d-Orbitale zerfallen ja, wie die Abb. 6 zeigt, in zwei Gruppen. Die eine Gruppe – von 3 Orbitalen – ist nach den Mittelpunkten der Kanten eines Würfels ausgerichtet, dessen vierzählige Achsen parallel zu den Achsen des Koordinatensystems verlaufen, die andere Gruppe – von 2 Orbitalen – ist nach den Achsen des Koordinatensystems ausgerichtet. Elektronen, die sich in dieser Gruppe von Orbitalen befinden, werden in einem oktaedrischen Feld stärker abgestoßen als die Elektronen in der anderen Gruppe. Im tetraedrischen Feld und in anderen Feldern ist dies anders aber leicht berechenbar. Diese Vorstellungen sind in der sog. Ligandenfeldtheorie niedergelegt worden[67]. Die vor allem von H. HARTMANN und seiner Schule[70] sowie von ORGEL[67] entwickelten Theorien sind in der Lage, viele Erscheinungen und Daten der Komplexchemie zu deuten, insbesondere, nachdem noch eine Erweiterung durch die Molekülorbital-Methode die Einbeziehung von experimentell nachgewiesenen Doppelbindungen[71] in die Theorie erlaubte. Auch die Reaktionsweise der Komplexverbindungen begann man zu deuten[72].

Betrachtet man die einzelnen Entwicklungsperioden der Anorganischen Chemie, so sieht man, daß zu Anfang Züge eines heroischen Zeitalters auftreten, in dem die ersten Entdeckungen gemacht werden – das ist eine aufregende Zeit des Umbruchs, des Erfolgs und des Irrtums, eine Zeit, in der die Grundlagen für die disziplinäre Matrix gelegt werden. Dann folgt eine klassische Periode, in der das stabile Gebäude der Wissenschaft auf- und ausgebaut wird. Hier entsteht die solide Kenntnis von den Stoffen. Dann kommt ein Zeitalter der Romantik, in dem schöne Arabesken hinzugefügt werden, in dem aber auch geträumt wird und Träume in die Wirklichkeit umgesetzt werden.

Akzeptiert man dieses Bild, so wird man heute der Komplexchemie das romantische Zeitalter zuschreiben. Unzählige Arbeiten deuten die Bindungsart. Die Literatur quillt über von »molecular orbital« Berechnungen, von Untersuchungen der optischen Aktivität, der Stabilität und ihrer Beziehung zu dem Infrarotspektrum, von kernmagnetischen Resonanzspektren, vom Mößbauerspektrum und von reaktionskinetischen Untersuchungen. Dazu gibt es Arabesken, die schon wieder einen Paradigmawandel andeuten. Hierzu gehören die Verbindungen von Edelmetallen, wie z.B. Ruthenium und Iridum mit Stickstoff[73], der früher überhaupt nicht als bindungsfähig angesehen worden war.

Hierher gehören auch die Edelgasverbindungen. Die letzteren seien näher betrachtet:

Die Theorie von KOSSEL und von LEWIS war davon ausgegangen, daß bei der Verbindungsbildung von den Bindungspartnern besonders stabile Elektronenkonfigurationen angestrebt werden. Wenn von vornherein solche hochsymmetrischen stabilen Elektronenkonfigurationen in einem Atom vorhanden sind, war keine Verbindungsbildung zu erwarten. Die Edelgase besitzen solche stabilen Elektronenkonfigurationen, und es war daher anzunehmen, daß diese Substanzgruppe keine Verbindungen eingehen würde.

Das schien gut bestätigt zu sein. 1868 war das Helium entdeckt worden, 1892 bis 1898 hatte RAMSAY Argon, Krypton und Xenon als Bestandteile der Luft gefunden und isoliert[74]. Erwartungsgemäß erwiesen sich die Edelgase als einatomig; sie waren also nicht in der Lage, sich miteinander zu einem zweiatomigen Molekül zu vereinigen. Trotzdem hielt erstaunlicherweise gerade KOSSEL[75] Verbindungsbildung für denkbar[76]. PAULING sagte eine Edelgasverbindung H_4XeO_6 und Salze davon sowie KrF_6, XeF_6 und XeF_8 voraus[77], PIMENTEL hielt die Existenz von Edelgas-Halogen-Komplexen für möglich[78]. Aber diese Voraussagen wurden nicht sehr ernst genommen, zumal alle Versuche[79], solche Verbindungen herzustellen, scheiterten. BARTLETT hatte 1962 eine Platin-Fluor-Verbindung in der Hand[80], die in der Lage war, Sauerstoff zu einem Kation zu oxydieren – zu $O_2(PtF_6)$. Molekularer Sauerstoff war durch Platinhexafluorid ionisiert worden. Da das Ionisierungspotential von molekularem Sauerstoff[81] fast genauso groß ist wie das von Xenon, vermutete BARTLETT, daß Xenon sich in eine analoge Verbindung, $Xe(PtF_6)$, überführen lassen sollte. Der Versuch gelang, und die erste Edelgasverbindung war entdeckt[82]. Ein alter Chemikeraberglaube hatte sein Ende gefunden. Kurz danach konnte auch die Umsetzung von Xenon und Fluor bei 400° in einer Nickelapparatur[83] zu einer Edelgasverbindung, XeF_4, geführt werden[84] und fast gleichzeitig wurde XeF_2 mit Hilfe elektrischer Entladung synthetisiert[85].

Nach diesen grundlegenden Arbeiten erschienen etwa 400 weitere Arbeiten – die Chemie der Edelgasverbindungen ist heute bestens bekannt –; dann ist es wieder stiller geworden auf diesem Gebiet[86].

Viele andere, interessante und zum Teil aufregende Entdeckungen wurden von der Komplexchemie ausgehend noch gemacht. Manche neue Verbindungen wiesen weitere Wege, manche stellen nur Arabesken in dem Gebäude der Anorganischen Chemie dar, manche haben sich als sehr nützlich erwiesen – wie z.B. die titanorganischen Verbindungen, die Katalysatoren der Ziegler-Natta-Synthese des Polyäthylens sind[87].

V. Anorganische Chemie morgen

Versucht man zu analysieren, wie die Anorganische Chemie morgen aussehen kann, so zeichnen sich zwei Entwicklungstendenzen ab. Einmal ist es wohl sicher, daß die beiden Blüteperioden weiter- und schließlich auslaufen werden. Zweitens ist zu erwarten, daß jetzt schon aufgetretene Anomalien und noch weitere Anomalien, die erkannt werden sollten und deren Konturen sich heute schon abzeichnen, zu einer dritten Blüteperiode der Anorganischen Chemie führen werden. Sicher ist, daß eine sehr lebhafte – wenn nicht sogar aufregende – Entwicklung zu erwarten ist.

Zu den Elementtentdeckungen aus natürlichem Material trat seit 1937 (siehe Anmerkung 44a) die künstliche Herstellung von Elementen. Hier sei vor allem die Entdeckung der Elemente mit einer Ordnungszahl, die größer als 92 ist, erwähnt. Das erste dieser Transurane (Neptunium) wurde 1940 entdeckt und 1944 isoliert[88]; das zweite Element mit der Ordnungszahl 94 (Plutonium) wurde 1941 von SEABORG MCMILLAN und KENNEDY aufgefunden und 1942 von CUNNINGHAM und WERNER isoliert[89]. Die weitere Entwicklung zeigt das folgende Bild[90] (Abb. 7).

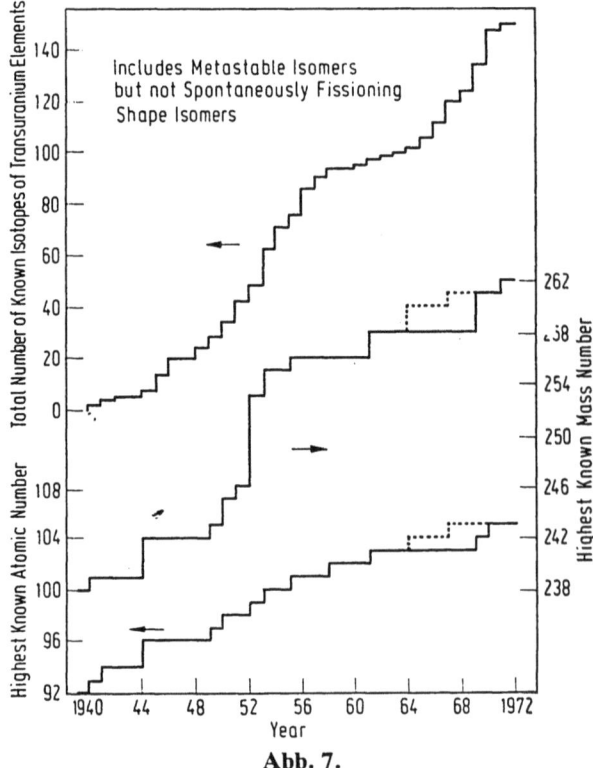

Abb. 7.

Anorganische Chemie zwischen gestern und morgen

Von diesen Elementen ist eine Chemie entwickelt worden, die vollständiger mit Daten, die die chemischen und physikalischen Eigenschaften beschreiben, ausgestattet ist, als die von manchem klassischen Element. Bis jetzt sind diese Elemente und ihre Verbindungen in 10 Gmelin-Handbuch-Bänden (1973–1979) beschrieben. Eine weitere Entwicklung ist auf diesen Gebieten zu erwarten, besonders da Plutonium ja eine große technische Bedeutung erlangt hat, die unsere Welt verändert.

Eine lebhafte Weiterentwicklung ist auch auf dem Gebiet der Komplexchemie zu erwarten. Man wird in den nächsten Jahren mit zahllosen Arbeiten vor allem auf dem Gebiet der metallorganischen Verbindungen zu rechnen haben. Hier bahnt sich eine Bio-Anorganische Chemie an, die letzten Endes ja zurückgeht auf die biologisch wirksamen Eisenkomplexe, deren Bindungsart unten angedeutet ist[91,91a] (Abb. 8).

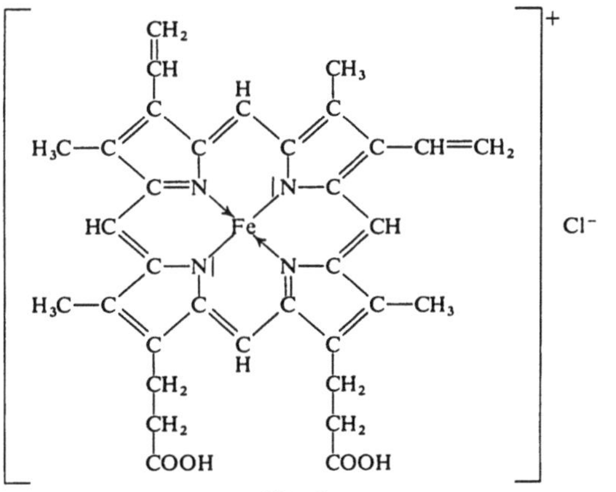

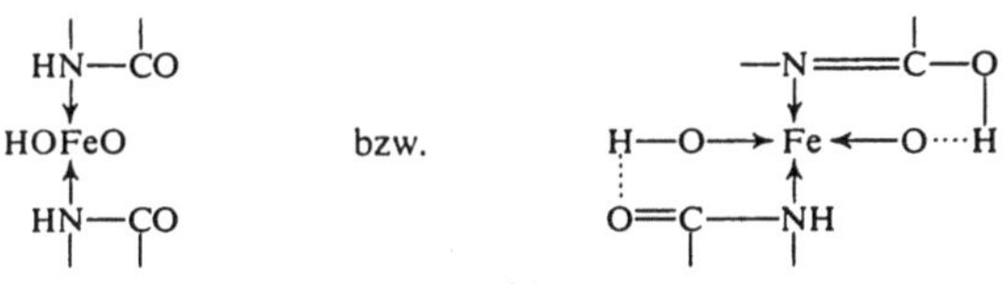

Abb. 8 a, b

Aber auch in der einfacheren Komplexchemie sind noch sehr viele Rätsel zu lösen. Erwähnt sei hier nur das Gebiet der Stickstoffkomplexe, die mindestens theoretisch einen Ansatz dafür liefern, wie man das inerte Stickstoffmolekül reaktionsfähig machen könnte. Synthetiker und Kinetiker sind auf dem gesamten Gebiet der Komplexchemie am Werk und gleichzeitig beginnt die Umwandlung dieses Zweigs der Anorganischen Chemie in Physikalische Chemie – vor allem die Deutung von beobachteten spektroskopischen Daten und die Mathematisierung des Materials.

Neben diesem Ausbau großer Gebiete beginnt jetzt noch eine ganz andere Weiterentwicklung der Anorganischen Chemie, vielleicht eine dritte große Blüteperiode. Die kovalente Bindung erhält in der Anorganischen Chemie neues Leben. Der Ausgangspunkt ist ein 1939 in den USA geschriebenes Buch, das GILBERT NEWTON LEWIS gewidmet war, und das sich in genialer Weise mit dem Problem der chemischen Bindung auseinandersetzte: »The Nature of the Chemical Bond« von LINUS PAULING. Hier wurde ausführlich die Frage diskutiert, die 1933 schon LEWIS und SIDGWICK bewegt hatte, ob es Übergänge zwischen Heterovalenz und Kovalenz gäbe – bei der Komplexchemie haben wir dieses Problem schon angeschnitten. Bei den binären Verbindungen hatte man aus den physikalischen Eigenschaften eine Entscheidung über die Bindungsart zu treffen versucht. So hatte man die Verbindungen des Natriums, Magnesiums und Aluminiums mit Fluor, die hochschmelzende Festkörper sind, als heterovalent angesehen, während man das Fluorid des Siliciums, das ein Gas ist, als kovalent betrachtete. PAULING wies darauf hin[92], daß dieser Beweis nicht schlüssig ist. Bei der ersten Gruppe von Verbindungen ist das Größenverhältnis von Metall- zu Nichtmetallatom so, daß die Koordinationszahl 6 zu fordern ist. D. h. jedes Natrium ist von 6 Fluor umgeben, und die stöchiometrischen Verhältnisse fordern, daß jedes Fluor in NaF seinerseits von 6 Natrium umgeben ist. So muß eine Kombination zu einem im Prinzip unendlich großen Polymeren entstehen. Beim Schmelzen oder Verdampfen müssen die starken Bindungen zwischen Metall und Nichtmetall gelöst werden – der Schmelzpunkt liegt hoch. Anders im Fall des Siliciumfluorids. Hier ist der Kristall aus diskreten Einzelmolekülen von SiF_4 aufgebaut, die nur durch schwache van der Waalsche Kräfte zusammengehalten sind. Beim Schmelzen oder Verdampfen müssen keine starken Bindungen gelöst werden, der Schmelzpunkt und der Siedepunkt liegen tief. Über die Natur der Bindung sagen solche Versuche also nichts Entscheidendes aus; ob wenig oder viel Energie zum Schmelzen aufgebracht werden muß, hängt weitgehend von der Koordinationszahl ab[93].

PAULING schlug ein anderes Kriterium vor. Er betrachtete die Bildungswärme der Verbindungen und mit Hilfe dieser Größen gab er einen sehr einfachen Ansatz für eine ungefähre Vorstellung davon, welch ein heterovalenter Anteil in einer prinzipiell als kovalent anzusehenden Verbindung vorhanden sei. Aus den Bildungswärmen errechnete PAULING eine sog. Elektronegativität der Partner und aus der Elektronegativitätsdifferenz ergab sich der heterovalente Anteil[94]. Der Ansatz von PAULING ist theoretisch sehr fragwürdig – was PAULING zweifellos wußte –; aber er hatte großen Erfolg, weil er qualitativ den richtigen Weg weist und dem Chemiker ein einfaches Bild gibt. Jetzt konnte man als Anorganiker kovalente Verbindungen oder kovalent-heterovalente Mischverbindungen aufbauen. Man konnte sich Vorstellungen von den Eigenschaften der

Verbindungen machen, denn die Polaritäten mußten zu bestimmten Reaktionen befähigen, und gezielte Synthesen mit den Verbindungen ausführen.

Tabelle 3. Elektronegativität nach PAULING

H 2,1			
C 2,5	N 3,0	O 3,5	F 4,0
Si 1,8	P 2,1	S 2,5	Cl 3,0
Ge 1,8	As 2,0	Se 2,4	Br 2,8
			I 2,5

Der einfache Ansatz von PAULING hob das Tabu zwischen Organischer und Anorganischer Chemie auf. Man begann nun erst in großem Umfang die Elemente der ersten Periode des Periodensystems (in der auch der Kohlenstoff steht) und die der zweiten Periode zu untersuchen.

Hier können nur wenige und fast willkürlich ausgewählte Beispiele gegeben werden:

Aufbauend auf Arbeiten von H. J. EMELÉUS[95] setzt nach 1948 eine rasche Entwicklung der Perfluororgano-Elementchemie ein. Dadurch entstand ein neuer Zweig der Chemie, der die strukturellen und mechanistischen Vorstellungen der organischen Chemie mit Arbeitsmethoden der anorganischen Chemie vereinigte[96]. An dieser Entwicklung sind zahlreiche Anorganiker beteiligt, eine vollkommene Übersicht hat A. HAAS gegeben[97]. In der gesamten Halogen-Chemie beginnt eine eindrucksvolle Entwicklung, Interhalogenverbindungen und Schwefelhalogenide z.B.[98].

RUFF, NIEDENZU und NÖTH[99] bauten die Bor-Stickstoff-Chemie auf.

GERHARD FRITZ machte entscheidende Versuche zur Entwicklung des großen Gebietes der Silicium-organischen Verbindungen[100], WANNAGAT zu den Silicium-Stickstoff-Verbindungen[101]. In den Arbeitskreisen von BECKE-GOEHRING und von GLEMSER und denen ihrer Schüler wuchs die Schwefel-Stickstoff-Chemie[102].

Die Chemie der Phosphorstickstoff-Verbindungen wurde vor allem in den USA durch AUDRIETH und in der UdSSR durch KIRSANOV beeinflußt, deren Schulen auf diesem Gebiet weiterarbeiten, auch APPEL, BECKE-GOEHRING, FLUCK und vor allem auch ALLCOCK, HAIDUC und viele andere trugen diese Chemie weiter[103].

Bei diesen Arbeitsgebieten fällt auf, daß es plötzlich gelingt, Moleküle zu synthetisieren, die Ringe und Ketten von z.T. beträchtlicher Länge bilden.

Moleküle mit stabilen Phosphor-Phosphor-Bindungen hatte man z. B. bis vor kurzem für eine Rarität gehalten. Jetzt zeigt sich[104], daß es so etwas in großem Ausmaße gibt; wenn man etwas heteropolaren Charakter in das Molekül hineinbringt (Betaincharakter), dann werden solche Bindungen stabil. Polaritäten machen selbst viergliedrige Ringe in der Phosphorstickstoffchemie stabil, ebenso in der Schwefelstickstoffchemie, wo aber auch Käfigmoleküle entstehen, die man durch Anbinden polarer Partner öffnen kann oder durch Überbrückung zu noch größeren Käfigen umbauen kann[105].

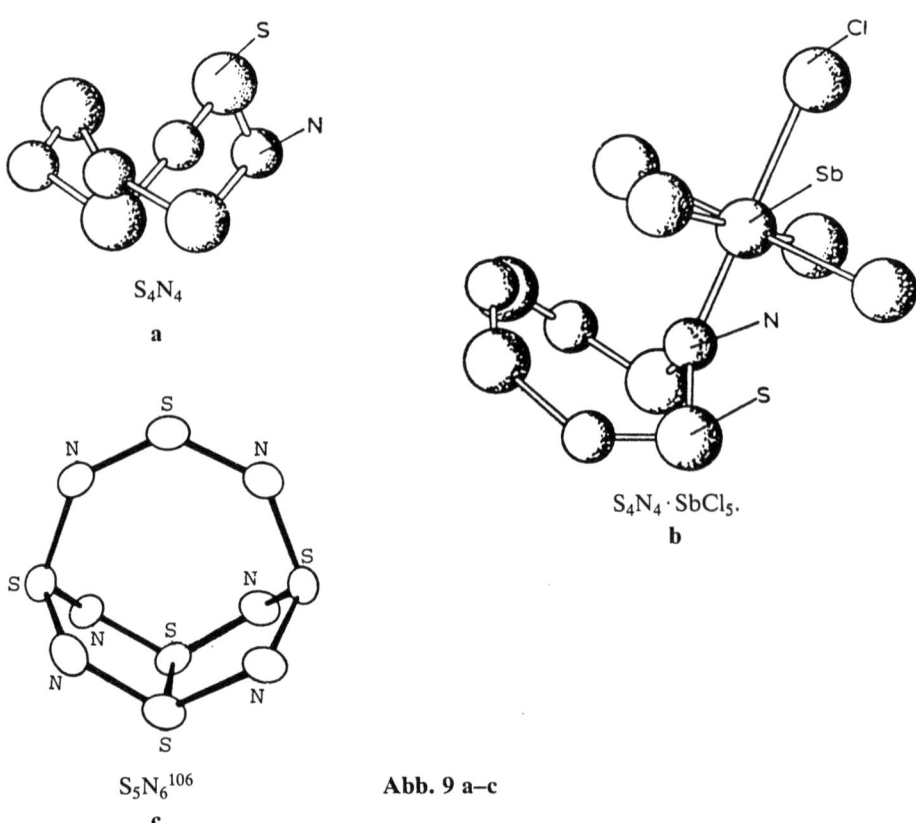

Abb. 9 a–c

Neben diesen Beispielen aus der Schwefel-Stickstoff-Chemie seien aus der Phosphorchemie die klassischen Cyklophosphazene und ein sehr bemerkenswerter Käfig, den FLUCK et al. hergestellt haben[104a], abgebildet.

Damit sich die hier nur in Beispielen angedeutete Chemie entwickeln konnte, war eine verfeinerte Laboratoriumstechnik notwendig. Die Hochvakuumtechnik, mit der schon ALFRED STOCK um die Jahrhundertwende begonnen hatte, mußte zum selbstverständlichen Hilfsmittel werden. Das Arbeiten unter absolutem Feuchtigkeitsausschluß mußte ebenso gelernt werden wie auch die verfeinerte

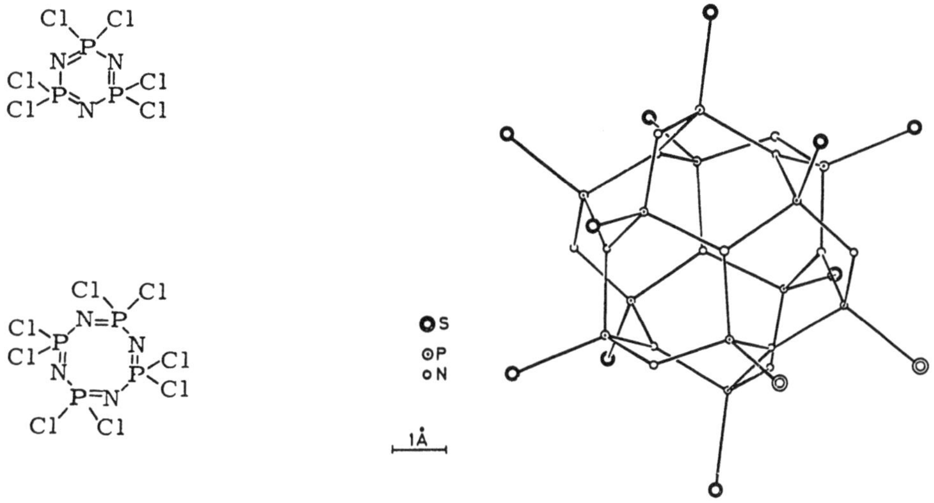

Anorganische Chemie zwischen gestern und morgen 27

a)

b) $P_{12}S_{12}N_{14}$-Anion (nach Fluck et al.)

Abb. 10 a und b

Analyse durch Massenspektroskopie und Gaschromatographie. Die Röntgenstrukturanalyse mußte von einer Kunst zu einer Routinearbeitsmethode werden. Das Arbeiten mit hohen Drücken – verbunden mit einer guten Autoklaventechnik – erwies sich als notwendig. Alle spektroskopischen Methoden, vor allem die kernmagnetische Resonanzspektroskopie, erwiesen sich als sehr nützlich zum Verfolgen und Optimieren von Reaktionen – selbst dann, wenn die Methoden theoretisch noch nicht voll unterbaut sind.

Auf dem Gebiet der Verbindungen der nichtmetallischen Elemente wächst heute organische Chemie und anorganische Chemie zusammen. Das Zeitalter, in dem sich diese Chemie befindet, ist zum Teil noch »heroisch«, zum Teil aber auch schon »klassisch«. Die Synthesen für neue Stoffe streben erst jetzt einem Höhepunkt zu. Man hat den Eindruck, daß fast Alles, was man sich ausdenkt, machbar wird. Es ist zu erwarten, daß hier interessante Verbindungen gefunden werden, evtl. mit pharmakologischer Wirksamkeit, Insektizide, Pestizide, Gifte, Stoffe mit hoher Wärmeresistenz, Substanzen mit Kunststoffcharakter. Mindestens für die nächsten 10 Jahre ist hier eine stürmische Entwicklung mit Überraschungen zu erwarten.

Bei diesen Arbeiten geschieht vor Allem Neues auf dem Grenzgebiet: kovalente Verbindung/salzartige Verbindung. Aber auch das andere Grenzgebiet: kovalente Verbindung/Metall entwickelt sich. 1956 entdeckten wir eine Verbindung[102], die auf ein Schwefelatom ein Stickstoffatom enthielt, polymer war und die Atome in kettenförmiger Anordnung aufwies. Hier zeigte sich metallische Leitfähigkeit, ja sogar die Eigenschaften eines Supraleiters. Man sucht überall eifrig weiter nach solchen Stoffen, denn nach A. G. MacDiarmid

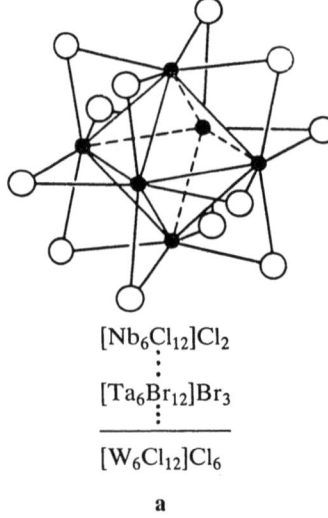

[Nb$_6$Cl$_{12}$]Cl$_2$
[Ta$_6$Br$_{12}$]Br$_3$
―――――――
[W$_6$Cl$_{12}$]Cl$_6$

a

[Mo$_6$Cl$_8$]Cl$_4$
[W$_6$J$_8$]J$_2$
―――――――
[Nb$_6$J$_8$]J$_3$

b

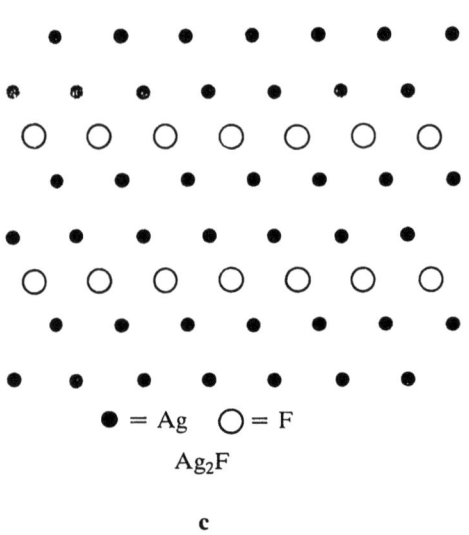

● = Ag   ○ = F

Ag$_2$F

c

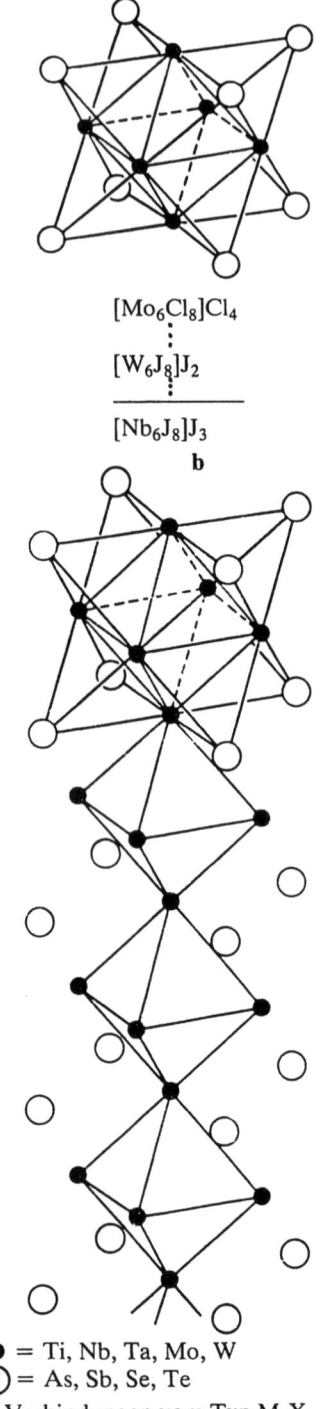

● = Ti, Nb, Ta, Mo, W
○ = As, Sb, Se, Te

d) Verbindungen vom Typ M$_5$X$_4$

Abb. 11 a–d

handelt es sich hier nur um „a forerunner of a class of covalent polymers that are metals".

Andere Verbindungen mit einem Übergang zwischen metallischer und kovalenter Bindung finden sich bei Metallhalogeniden von Niob, Tantal, Wolfram. Bei diesen Verbindungen sind Metalloktaeder in eine – grob gesprochen – regelmäßige Matrix von Nichtmetallatomen eingelagert. Das eingelagerte Oktaeder kann sich wie das Metall selbst verhalten. So zeigte z. B. A. SIMON[107], daß an Nb_6J_{11} Wasserstoff adsorbiert werden kann wie an Niobmetall selbst. Supraleiter sind auch hier beobachtet worden – besonders bei Stoffen mit der Mo_6X_8-Gruppierung (vgl. Abb. 11b).

Wir sind heute gewohnt, solche Verbindungen mit dem Namen »Cluster« zu belegen. Die Metalloktaeder in solchen Clustern können eckenverknüpft sein oder auch kantenverknüpft. Es entstehen so Stränge von Metalloktaedern, denen Stränge von Halogenatomen gegenüberstehen. H. SCHÄFER, V. SCHNERING und A. SIMON[108] sowie CORBETT haben hier neue Wege gewiesen.

Neues geschieht auch auf dem Gebiet salzartige Verbindung/Metall. Hier sei zunächst auf das lange bekannte Silbersubfluorid (Ag_2F) verwiesen[108], das messingfarbig ist und den elektrischen Strom leitet. Silberdoppelschichten stehen hier den Fluorionen gegenüber (vgl. Abb. 11c).

Im Silbersubfluorid bildet das Metall Schichten. Es gibt aber auch den Fall, daß das Metall quasi-eindimensional angeordnet ist. Ein Beispiel aus der letzten Zeit ist eine Verbindung, die man aus Arsenpentafluorid mit Quecksilber in flüssigem Schwefeldioxid synthetisiert hat[109] – Hg_3AsF_6[110]. Die Metallstränge sind hier in eine Matrix von Anionen isoliert eingelagert[111].

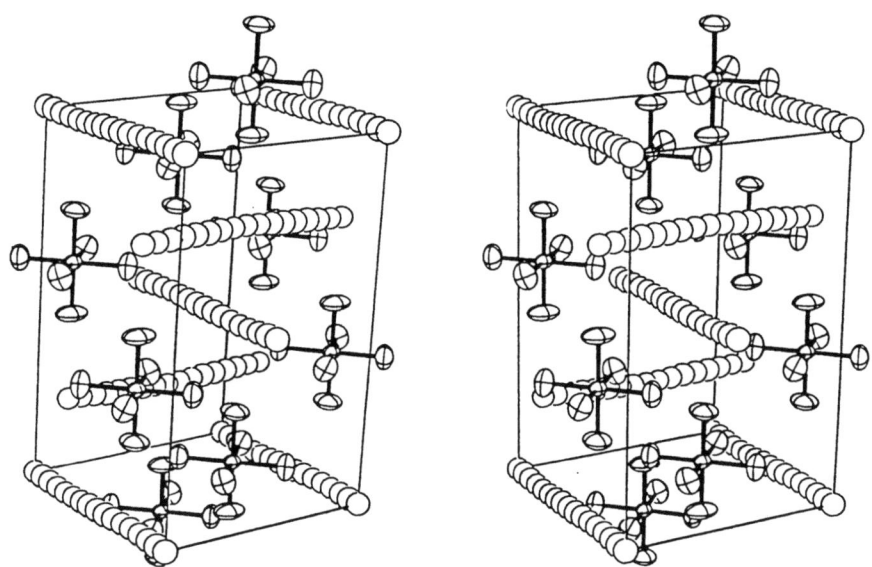

Abb. 12. $Hg_{2.86}(AsF_6)_{0.953}$

Miteinander nicht verknüpfte Metallketten gibt es auch in wichtigen Supraleitern[112]. Bei dem Cr_3Si-Typ[113] sind solche Röhren so gepackt, daß Lücken für die Siliciumatome bleiben, die manchmal besetzt sind, zum kleinen Teil aber auch leer bleiben können und Anlaß für Leitfähigkeit geben.

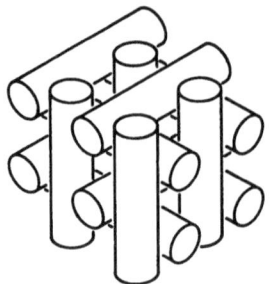

Abb. 13. Cr_3Si-Typ schematisch

Diese Stoffe haben kaum noch Salzcharakter sondern sind mehr Metalle, während das Lithiumnitrid, Li_3N, das gut leitet, wohl wieder fast ganz ein Salz ist[114]. In dem roten Festkörper sind dreifach negativ geladene Stickstoffionen[115] von 8 Lithiumkationen umgeben. Die Lithiumionen sind in der Lage, sich durch das Gitter zu bewegen.

Drastischer wird der Übergang Salz-Metall, wenn man Alkalimetalle wie Rubidium oder Cäsium in flüssigem Zustand mit ihren Oxiden mischt. Es entstehen dann auch in festem Zustand faßbare Suboxide, in denen Sauerstoff von Metalloktaedern umgeben sind, die ihrerseits kanten- oder flächenverknüpft sind[116]. Solche Gruppen liegen z. B. in dem rotviolett glänzenden $Cs_{11}O_3$ vor, das A. SIMON hergestellt hat, und das metallisch leitet.

Auf diesem Gebiet ist die Entwicklung der Anorganischen Chemie in vollem Gange. Man lernt diese Stoffe als Metalle zu betrachten und sieht den dominierenden Einfluß der symmetrischen Struktur.

Abb. 14 a und b. Ionengruppen in Alkalimetallsuboxiden. **a)** Modell der Rb_9O_2-Gruppe, **b)** Modell der $Cs_{11}O_3$-Gruppe

Will man die Bindungsart in den Cluster-Verbindungen deuten, so muß man eine komplizierte Vorstellung zu Hilfe nehmen, um die sich vor allem COTTON bemüht: Man muß Molekülorbitale konstruieren, die das elektrische System der 6 Metallatome den Halogenatomen – oder den anderen Nichtmetallatomen – gegenüberstellen. Dabei kommt erschwerend hinzu, daß in den Systemen meist ein Elektronendefizit herrscht, d.h. für Elektronenpaarbindungen sind nicht genug Elektronen vorhanden.

Hier tritt ein Paradoxon zu Tage, das zum ersten Mal in der Nichtmetallchemie, in der Bor-Wasserstoff-Chemie, beobachtet worden war.

Schon die einfachste Bor-Wasserstoff-Verbindung, B_2H_6, die zuerst 1912 von ALFRED STOCK hergestellt worden war, kann man nicht sinnvoll mit Bindestrichen formulieren, wenn man annimmt, daß ein Bindestrich ein Elektronenpaar bedeutet. Da die Untersuchung der Borwasserstoffe[117] einen großen Auftrieb durch die Raketentechnik erfuhr (fuel from desert sands)[118], sah man sich auch die Bindungsverhältnisse näher an und fand, daß zwei Elektronen auch drei Atome, drei Zentren aneinander binden können. Heute spricht man dementsprechend von Dreizentrenbindungen. An dem Borwasserstoff $B_{10}H_{14}$ hat BRILL[118] gezeigt, daß sich die Elektronen an einem Platz im Innern eines Dreiecks befinden, das durch 2 Boratome und ein Wasserstoffatom gebildet wird.

Zunächst sieht eine solche Dreizentrenbindung wie ein seltenes Paradoxon aus. Aber dann wird eine Fülle von Verbindungen entdeckt, z.B. von HAWTHORNE die Carborane (Kohlenstoff-Wasserstoff-Bor-Verbindungen), die offenbar solche Mehrzentrenbindungen besitzen müssen. Diese Stoffe haben zum großen Teil bezaubernde hochsymmetrische Strukturen[119].

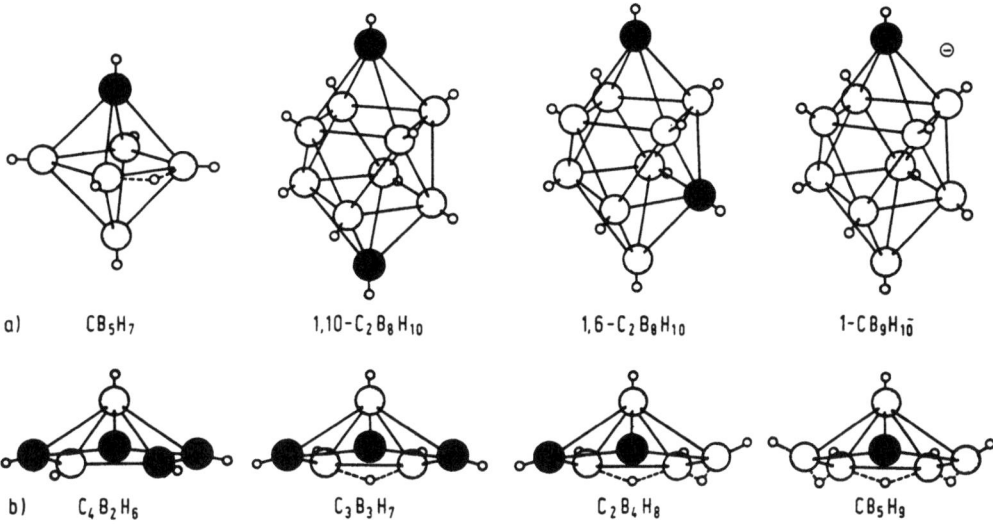

Abb. 15. Strukturen von einigen Carboranen. **a)** closo-Carborane, **b)** nido-Carborane

Auf den zuletzt geschilderten Gebieten ist wieder ein heroisches Zeitalter für die Anorganische Chemie angebrochen. Alles ist in Fluß. Die alten Tabus gelten nicht mehr. Die Unzulänglichkeit der grundlegenden Gesetze von den konstanten und multiplen Proportionen ist erkannt. Der Bindestrich als Symbol für die chemische Bindung ist nicht mehr recht brauchbar. Unterschiede in den Bindungsarten haben sich verwischt. Moleküle gibt es zwar noch; aber manchmal ist es sinnvoller von Struktureinheiten zu sprechen. Monomere, Oligomere und Polymere gehen ineinander über.

In solchen Zeiten des Umbruchs ist für den Chemiker eines unersetzlich: Information. Der Forscher muß informiert werden über die Tradition, über das, was andere vor oder neben ihm getan haben, damit Doppelarbeit verhindert wird. Er muß Kenntnis von den richtigen Daten erhalten. Die Vermittlung der Daten allein genügt nicht, sie sollten kritisch gesichert und aufgearbeitet sein. Die Eigenschaften der Stoffe sollten unbeeinflußt von einer Lehrmeinung – sogar von der unbewiesenen Meinung des Autors unbeeinflußt – wiedergegeben werden. Nur so kann der Forscher, der Neuland betritt und sich doch auf die bisher erarbeiteten Fakten stützen muß, Anomalien erkennen, Fehler in der disziplinären Matrix sehen, umdenken, ein neues Paradigma entwickeln, das Neue schaffen.

Die Anorganische Chemie besitzt das Glück, in dem Gmelin-Institut der Max-Planck-Gesellschaft ein Instrument zu haben, das dem Forscher diese Information geben kann.

Alle Vorbedingungen sprechen dafür, daß die Anorganische Chemie auch morgen eine aufregende und erfolgreiche Wissenschaft sein wird.

Anmerkungen

1 Da die Chemie der Metalle in der Anorganischen Chemie einen großen Raum einnimmt, war man oft versucht, den Beginn dieser Wissenschaft mit dem Beginn der Handhabung der Metalle durch den Menschen gleichzusetzen. Eine kurzgefaßte Geschichte der Metalle findet sich z. B. bei L. AITCHISON (A History of Metals, London 1960).
2 Der Beginn der Bronzezeit ist natürlich für die einzelnen Kulturen unterschiedlich anzusetzen, etwa 3000 v. Chr. für Mesopotamien und Ägypten, 1600 v. Chr. für Nordeuropa. Man spricht von Bronze, wenn der Zinngehalt in den Gebrauchsgegenständen konstant bei etwa 10% neben etwa 90% Kupfer liegt. Gmelin-Handbuch d. Anorg. Chem. 8. Aufl. Bd. Sn Zinn, Tl. A, 1971.
3 O. SCHRADER (Sprachvergleichung und Urgeschichte, Jena 1883, S. 272) nach K. RUMPF (Gmelin-Handbuch d. Anorg. Chem. 8. Aufl. Bd. Sn Zinn, Tl. A, 9–10, 1971)
4 Bleiweiß ist ein basisches Bleicarbonat. Die älteste Vorschrift zu seiner Herstellung aus Blei und Essig findet sich bei THEOPHRASTOS von Eresos (371 bis 287 v. Chr.). Der Vorgang der Bleiweißbildung wurde erst im 19. Jahrhundert verstanden.
5 Gmelin-Handbuch d. Anorg. Chem. 8. Aufl. Bd. Pb Blei, Tl. A1, 148, 1973.
6 Zusammenfassende Darstellung z. B.: H. E. FIERZ-DAVID, Die Entwicklungsgeschichte der Chemie, 2. Aufl., Basel 1952.
7 Zur Definition dieses Ausdrucks vgl. THOMAS S. KUHN, Die Entstehung des Neuen. Frankfurt 1977, 392.
8 ROBERT BOYLE lebte 1627 bis 1691, er war Sohn des ersten Lords von Cork, einer der Gründer der Royal Society und auch deren Präsident. Die Bedeutung von BOYLE wird sehr verschieden eingeschätzt. Viele Chemiker – wie auch die Verfasserin – sehen in ihm »The founder of modern Chemistry« (J. R. PARTINGTON); aber P. WALDEN (Drei Jahrtausende Chemie, Berlin 1944, S. 96–101) schrieb, es fehle BOYLES Ansichten und chemischen Arbeiten die Originalität, diese Ansichten seien zu unsicher und würden von BOYLE unfolgerichtig angewandt. Heftig hat sich auch K. LOTHAR WOLF (Theoretische Chemie, Tl. 1, Das Atom, Leipzig 1941, S. 2 bzw. S. 12) gegen BOYLE gewandt: »Unsere Abwehr aber gilt dem stoffgläubigen Rationalismus der GASSENDI, BOYLE und NEWTON, der DESCARTES und der Enzyklopädisten, die fremdem Zugriff den Weg bereiteten, nicht minder wie dem Geiste der EINSTEIN und ihrer Folger«. – Diese Anmerkungen sollen darauf aufmerksam machen, daß es fast unmöglich ist, das »Gestern« der Wissenschaft unbeeinflußt vom Zeitgeist zu beurteilen.
9 R. BOYLE, The Works, London 1772 (3 Bände)
10 R. BOYLE, New experiments to make fire and flame ponderable, 1963, in: The works, Bd. 3, London 1772, S. 706. Vgl. Gmelin-Handbuch d. Anorg. Chem., 8. Aufl. Bd. 0 Sauerstoff, Lieferung 1, 29–36, 1943; Nachdruck 1979.
11 J. J. BECHER, Physica subterranea, Frankfurt 1669. Das verbrennbare Prinzip wird von BECHER als terra pinguis bezeichnet, während die Alchemisten dies sulphur genannt hatten. Feuer wird von BECHER im Gegensatz zu den Alchemisten nicht mehr als Element bezeichnet.
12 GEORG ERNST STAHL (1660–1734) war nach Gründung der Universität Halle (1693) dort Professor der Medizin, bis er 1716 Leibarzt des Königs von Preußen wurde. Eine kurzgefaßte Übersicht über die Werke von STAHL und die Phlogistontheorie hat W. GANZENMÜLLER gegeben in Gmelin-Handbuch d. Anorg. Chem., 8. Aufl., Bd. 0 Sauerstoff, 1. Lieferung 1943, Nachdruck 1979, 39–59.

13 Ganz wesentlich stützte sich STAHL auf das Verhalten des Schwefels, der leicht verbrennt, weil er noch »materia ignis«, Phlogiston, besitzt. Einen aktiven Anteil der Luft an den Verbrennungsvorgängen kannte STAHL nicht, ja er bezweifelte, daß diese eine chemische Verbindung eingehen könnte; aber er forderte, daß Phlogiston ohne Luftzutritt nicht zu einer fortschreitenden Bewegung in der Lage sei – und erst durch Luft werde das sonst sich nur kreisförmig bewegende Phlogiston »feurig«.

14 1791 schreibt einer der letzten Verfechter der Phlogistontheorie L. KIRWAN an BERTHOLLET: »Enfin je mets bas les armes et j'abandonne le phlogistique«. (Gmelin-Handbuch wie Anmerkung 12, S. 85)

15 Nach GANZENMÜLLER wie Anmerkung 12, S. 53.

16 Vgl. hierzu THOMAS S. KUHN, Die Entstehung des Neuen, Frankfurt 1977, 241 ff.

17 CARL WILHELM SCHEELE (1742–1786) war – in Stralsund geboren – Apotheker in Köpping/Schweden. Er erhielt Sauerstoff zuerst nach seinen Laboratoriumsaufzeichnungen durch Erhitzen von Quecksilberoxid. Er nannte den Sauerstoff »Vitriolluft«. Die Versuche wurden wahrscheinlich 1772 ausgeführt aber erst 1777 publiziert.

18 JOSEPH PRIESTLEY (1733–1804) wurde in Fieldhead/Yorkshire geboren, war Hilfsprediger, Prediger in Leeds, Sprachlehrer, Bibliothekar und Reisebegleiter des Earl of Shelburne dann Prediger in Birmingham. 1794 wanderte er nach den USA aus und wurde Farmer in Northcumberland. 1774 entdeckte er den Sauerstoff durch Erhitzen von Quecksilberoxid. Er stellte fest, daß seine »Luft« die Verbrennung einer Kerze besonders gut unterhielt. Er bezeichnete daher den neuen Stoff als dephlogistisierte Luft. Im Oktober 1774 besuchte er LAVOISIER.

19 ANTOINE LAURENT LAVOISIER (1743–1794) war sein Leben lang Naturforscher und schon mit 25 Jahren Mitglied der französischen Akademie. Um seine Experimente zu finanzieren erstrebte und erhielt er den Posten eines Generalpächters für verschiedene Regalien. Seine mit großem Geschick ausgeführten quantitativen Untersuchungen machten die Waage zu einem entscheidenden Instrument für die Chemie: »La balance est une épreuve sûr qui ne saurait les tromper«. LAVOISIER führte die Phlogistontheorie ad absurdum und wurde dadurch eigentlich zum Begründer der modernen Chemie. 1787 versuchte er gemeinsam mit BERTHOLLET eine einheitliche Nomenklatur der Chemie aufzustellen. 1789 erschien sein »Traité Elémentaire de Chimie« – ein enzyklopädisches Werk, das den Stand der Chemie seiner Zeit wiedergab. 1794 starb LAVOISIER auf der Guillotine.

20 Zur Entdeckungsgeschichte des Sauerstoffs siehe Gmelin-Handbuch wie Anmerkung 12, S. 60–99.

21 Zu diesem Begriff vgl. THOMAS S. KUHN, Die Struktur wissenschaftlicher Revolutionen, Frankfurt 1976.

22 Ein Gnadengesuch für den Steuerpächter LAVOISIER beschied der Vorsitzende des Revolutionstribunals, der citoyan COFFINHAL am 19. Floreal des Jahres II (8.5.1794): La république n'a point besoin de savants, la justice suivra son cours.

23 LEOPOLD GMELIN war, als er sein dreibändiges Werk schrieb, 29 Jahre alt, wie er selbst schreibt »Doctor der Medicin und Chirurgie; außerordentl. Professor der Chemie auf der Universität zu Heidelberg«. 1830 war er Rektor der Ruperto Carola – bzw. Prorektor, da damals der Rector Magnificentissimus der badische Großherzog Leopold war. GMELIN starb 1853.

Das Handbuch fand sofort großen Anklang. Schon am 15. Juli 1830 schrieb, wie E. PIETSCH bericht hat, BERZELIUS an GMELIN: „Seitdem wir Ihr Handbuch haben, ist es keine Kunst mehr ein gelehrter Chemiker zu sein, den(n) jedermann, der sich es verschafft ist gleich, wenn er es benutzen will, au niveau der Wissenschaft." Von der ersten Auflage des Handbuches existiert ein werkgetreuer Nachdruck, der 1967 vom

Gmelin-Institut der Max-Planck-Gesellschaft in Frankfurt herausgegeben worden ist.
24 JÖNS JAKOB BERZELIUS (1779–1848) lebte in Schweden. Er hatte es in seiner Jugend schwer; während seines Studiums war er teils Werkstudent, teils Stipendiat. 1799 wurde er Armenarzt, 1804 Essigfabrikant, dessen Fabrik sich nicht halten konnte. Aber 1807 wurde er Professor in Stockholm, 1808 Mitglied der Akademie der Wissenschaften, 1810 deren Präsident. Johan Karl XIV adelte BERZELIUS. Große Erfindungsgabe, Überzeugskraft und Fleiß machten aus BERZELIUS einen überaus erfolgreichen Chemiker, der überall höchstes Ansehen genoß, gegen dessen Wort sich niemand aufzulehnen wagte, der hervorragende Schüler hatte, und der noch heute als einer der ganz Großen der Chemie anzusehen ist.
25 Der Name wurde zuerst von LAVOISIER gebraucht.
26 Die angegebenen Atomgewichte weichen von den heutigen noch etwas ab.
27 Merkwürdigerweise meint unsere computergläubige Zeit, daß man neben den Formeln heute für die chemischen Stoffe Namen brauche – und zwar systematische, international verständliche, rational abzuleitende Namen. Nur diese sollen sich im Computer einfach speichern lassen. Es gibt kaum einen erfinderisch tätigen Chemiker, der nicht unter der Schwerfälligkeit und Schwierigkeit einer solchen Nomenklatur stöhnt. Eine Besinnung auf BERZELIUS wäre auch heute wieder angebracht – und Überlegungen darüber, wie man die einfache und klare Formelsprache dem Computer einverleiben kann!
28 Die Elemententdeckungen sind für jedermann zugänglich beschrieben von E. PILGRIM, Entdeckung der Elemente, Stuttgart 1950. Eine gute tabellarische Übersicht findet sich bei H. E. FIERZ-DAVID, Die Entwicklungsgeschichte der Chemie, Basel 1952, 399–410.
29 GMELIN schreibt über diese Elemente: hiervon sind 38 metallischer Natur, die übrigen erscheinen ohne metallisches Aussehen, teils gasförmig, teils in fester Gestalt. Sie sind die wichtigsten, welche durch die Mannigfaltigkeit ihrer Verbindungen die Einförmigkeit der Metalle aufheben.
30 JOHN DALTON (1766–1844) war Privatgelehrter in Manchester. 1822 wurde er Fellow der Royal Society.
31 Sir HUMPHREY DAVY sagte als Präsident der Royal Society bei der Überreichung der ersten Royal Medal an DALTON: »Mr. Dalton permanent reputation will rest upon his having discovered a simple principle, universally applicable to the facts of chemistry – in fixing the proportions in which bodies combine, and thus laying the foundation for future labours, respecting the sublime and transcendental parts of the science of corpuscular motion. His merits, in this respect, resemble those of KEPLER in astronomy.« (Sir H. DAVY, Collected Works, 1839, Vol. 7, 92–99.)
32 JOSEPH LOUIS GAY-LUSSAC (1778–1850), 1808 Professor für Physik an der Sorbonne, 1809 Professor für Chemie an der Ecole polytechnique in Paris, 1807 Mitglied der Akademie. GAY-LUSSAC war ein sehr erfolgreicher Physiker und Chemiker, dessen Begabung frühzeitig von BERTHOLLET erkannt worden war. Auf dem Gebiet der Chemie ragen besonders seine Arbeiten über das Bor (er war einer der Entdecker dieses Elements), über die Halogene und das Cyan hervor.
33 AMADEO AVOGADRO (1776–1856) war Professor der Physik in Turin. Seine entscheidende Arbeit: »Essai d'une manière de déterminer les masses relatives des molécules élémentaires des corps, et les proportions selon lesquelles elles entrent dans ces combinaisons« erschien 1811 in Journal de Physique, de Chimie et d'Histoire naturelle, Vol. 73. AVOGADRO erkannte, daß die Zahl der Moleküle eines jeden Gases im gleichen Volumen immer die gleiche ist. Er erkannte auch, daß es Elemente gibt, die aus Molekülen bestehen, die mindestens zwei Atome enthalten

müssen. BERZELIUS hat die Teilbarkeit der Elemente, die aus der Hypothese von AVOGADRO folgte, heftig abgelehnt, und der Einfluß von BERZELIUS war so groß, daß die Theorie von AVOGADRO zunächst nicht beachtet wurde. Erst STANISLAO CANNIZZARO verhalf der Theorie von AVOGADRO zum Durchbruch durch einen Vortrag, den er 1860 auf dem Chemikerkongreß in Karlsruhe hielt.

34 Die spannende Geschichte von dem mühsamen Aufbau dieser disziplinären Matrix ist nachzulesen bei H. E. FIERZ-DAVID, Die Entwicklungsgeschichte der Chemie, Basel 1952, 188–212.
Vgl. auch Sir HAROLD HARTLEY: JOHN DALTON, F. R. S. and the Atomic Theory – A lecture to commemorate his bicentenary. (1967), Selected Lectures of the Royal Society, London 1969, Vol. 2, 69–93.

35 Vgl. E. RABINOWITSCH u. E. THILO, Periodisches System, Geschichte und Theorie, Stuttgart 1930.

36 J. W. DOEBEREINER, Pogg. Ann. Phys. Chem. Bd. 15 (1829), 301 ff. u. J. W. DOEBEREINER, Versuch zu einer Gruppierung der elementaren Stoffe in Ostwalds Klassiker der exakten Wissenschaften Nr. 66, Leipzig 1895.

37 DIMITRIJ MENDELEJEW (1834–1907) Professor in Petersburg, Grundlagen der Chemie, deutsche Ausgabe, Petersburg 1891; Z. f. Chemie 1869.
LOTHAR MEYER (1830–1895) Professor in Karlsruhe. Die modernen Theorien der Chemie, Breslau 1869; Annalen d. Chemie, 1869.

38 Durch LECOQ DE BOISBAUDRAN, Compt rend. Bd. 81 (1875), 493, 1105.

39 Durch NILSON, Compt rend. Bd. 88 (1878), 642 ff.

40 Durch CL. WINKLER, Ber. dtsch. chem. Ges. Bd. 19 (1886) 210 ff.

41 ROBERT WILHELM BUNSEN (1811–1899) war 1839 Professor in Marburg, wurde 1851 nach Breslau berufen, folgte dann 1852 einem Ruf nach Heidelberg. 1861 entdeckte er spektralanalytisch das Rubidium (J. prakt. Chem. Bd. 83 (1861), 198 f.) 1863 isolierte er das Rubidium-Metall. Auch Cäsium wurde spektralanalytisch entdeckt (J. prakt. Chem. Bd. 80 (1860), 477 ff.); isoliert wurde das Metall 1882 von C. SETTERBERG.

42 MOSELEY, ein Schüler RUTHERFORDS, fand, daß die Quadratwurzel der Frequenz, der von einem Element bei geeigneter Anregung ausgesandten Röntgenstrahlung proportional der Kernladungszahl des Elements ist (Ordnungszahl).

43 So wurde z.B. Hafnium 1922 von COSTER u. v. HEVESY entdeckt (Nature Vol. 3, 79 f.)

44 W. NODDAK u. J. TACKE, Naturwiss. Bd. 13 (1925), 567; O. BERG u. J. TACKE, Naturwiss. Bd. 13, 571. Während sich die Entdeckung des Masuriums als Irrtum erwies, war die gleichzeitige Entdeckung des Rheniums reell.

44a Die Stelle im Periodensystem, an der das Masurium stehen sollte, wird eingenommen von Technetium, dem ersten Element das künstlich hergestellt worden ist (1937 von PERRIER und SEGRÈ). Zu diesem Element siehe K. V. KOTEGOV, O. N. PAVLOV u. V. P. SHVEDOV, Advances in Inorganic Chemistry Vol. 11 (1968), 1–90.

45 AUGUST KEKULÉ (1829–1896) siehe R. ANSCHÜTZ, August Kekulé, Berlin 1929.

46 J. H. VAN'T HOFF, Die Lagerung der Atome im Raume (deutsch von J. WISLICENUS), 1. Aufl., Braunschweig 1876. J.-A. LE BEL, Bulletin (2) Vol. 22 (1874), 337 ff.

47 W. KOSSEL, Valenzkräfte und Röntgenstrahlen. 2. Aufl. Berlin 1924. Annalen d. Physik Bd. 49 (1916), 229 ff.

48 H. G. GRIMM, R. BRILL, C. HERMANN u. CL. PETERS, Naturwissenschaften Bd. 26 (1938), 29 f.

49 W. HUME-ROTHERY, The Metallic State, London 1931.

50 Die Regel von HUME-ROTHERY (1926) gilt für den Fall, daß sich sog. Metalle 1. Art (Cu, Ag, Au) mit Metallen 2. Art (Be, Mg, Al, Ge, Sn, Sb, Zn, Cd, Hg) verbinden.

Das Metall 1. Art soll ein Valenzelektron betätigen, das Metall 2. Art im Sinne dieser Regel 2 Elektronen, 3 oder 4 Elektronen. Als Metall 1. Art können auch Mn, Fe, Co, Ni, Rh, Pd, Pt auftreten; aber diesen Metallen muß man dann die Valenzelektronenzahl Null zuschreiben.

51 Zu den Laves-Phasen, ihre Zusammensetzung und ihren Bau vgl. die ausführlichen Lehrbücher der Anorganischen Chemie, z. B. REMY, Lehrbuch der anorganischen Chemie.

52 Diese Anomalien ließen sich nur phänomenologisch deuten. Z. B. erkannte man, daß sich im Eisensilicidgitter Si an Fe-Stellen einbauen ließ. Formal bedeutet eine Erhöhung der Menge an Nichtmetall eine Erhöhung der positiven Ladung des Metalls.

53 GEORGE B. KAUFFMAN, ALFRED WERNER, Founder of Coordination Chemistry, Berlin, Heidelberg, New York 1966.

54 WERNER benutzte eine Methode, die in einer Zeit, in der die Vorlesungen noch nicht durch Studienpläne vorgeschrieben waren, vielen Professoren zu neuen Erkenntnissen verholfen hat.

55 Die Frage, was unter »stabil« zu verstehen sei, wurde nicht einmal gestellt und schon gar nicht geklärt.

56 Siehe z. B. A. WERNER, Neuere Anschauungen auf dem Gebiete der Anorganischen Chemie. Braunschweig 1905.

57 L. PAULILNG, Die Natur der chemischen Bindung (deutsche Übersetzung), Weinheim 1962.

58 Viele Schlußfolgerungen aus zahlreichen Arbeiten finden sich zusammengefaßt in H. HARTMANN, Theorie der chemischen Bindung auf quantentheoretischer Grundlage, Berlin, Göttingen, Heidelberg 1954.

59 Die lebhafte Entwicklung der Metallorganika begann mit einer 1951 gemachten Entdeckung von Fe(C$_5$H$_5$)$_2$ Ferrocen. Sie wurde gleichzeitig gemacht von S. A. MILLER, J. A. TEBBOTH u. J. F. TREMAINE, J. Chem. Soc. London Vol. 1952, 632 sowie von T. J. KEALY u. P. L. PAUSON, Nature Vol. 168 (1951), 1039. Eigentlich erschlossen wurde das Gebiet aber von E. O. FISCHER und unabhängig von G. WILKINSON. Es ist nicht möglich hier die zahlreichen Arbeiten zu zitieren und auch nur annähernd zu würdigen. So sei auf den Beitrag verwiesen: E. O. FISCHER u. H. P. FRITZ, Advances in Inorganic Chemistry Vol. 1 (1959), 55–115.

60 Ferrocen und seine Derivate besitzt eine »Sandwich-Struktur«, die frühzeitig vorausgesagt worden war (E. O. FISCHER u. N. PFAB, Z. Naturforschg. Bd. 7b, 1952, 377; G. WILKINSON, M. ROSENBLUM u. R. B. WOODWARD, J. Amer. Chem. Soc. Vol. 74, 1952, 2125), und die dann durch Röntgenstrukturanalyse bestätigt wurde. Die Abbildung gibt zwei Vertreter dieser Verbindungsklasse wieder; man sieht, daß die Clykopentadienylringe deckungsgleich übereinander angeordnet sein können oder auch auf Lücke sitzen können.

Es gibt unzählbare Derivate des Ferrocens, in den Jahren 1974 bis 1979 sind allein 4 Bände vom Gmelin-Handbuch der Anorganischen Chemie erschienen, die sich nur mit dieser Stoffklasse befassen, und sicher ist erst etwa die Hälfte des Materials bisher in dieser Form kritisch aufbereitet worden.

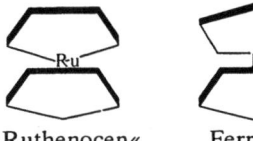

»Ruthenocen«   Ferrocen

Abb. 16. »Ruthenocen« und Ferrocen

38 Margot Becke-Goehring

Um eine Andeutung von den Möglichkeiten zu geben, ist das Biferrocen unten abgebildet.

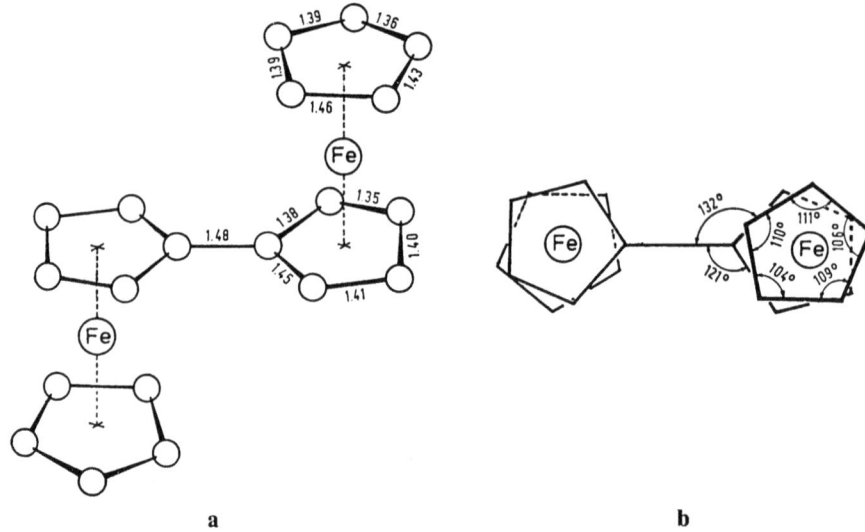

Abb. 17 a und b. Molekelstruktur von Biferrocen

61 Bei diesen Anordnungen hat man die Koordinationszahlen 4, 6 oder 5. Es gibt auch noch andere Koordinationszahlen, z. B. 7, 8 oder 9 mit komplizierteren Strukturen. Vgl. M. BECKE-GOEHRING u. H. HOFFMANN, Komplexchemie, Heidelberg 1970.
62 Der einfachste Beweis für ebenen Bau bei der Koordinationszahl 4 ist immer der Nachweis der Existenz von cis-trans-Isomeren gewesen.
63 N. V. SIDGWICK, The Electron Theory of Valency, Oxford 1927.
64 G. N. LEWIS, The Atom and the Molecule, J. Amer. Chem. Soc. Vol. 38 (1916), 762 ff.
65 Siehe auch die entsprechende Ansicht von KOSSEL (Anmerkung 47). Besonders eindringlich hat R. E. RUNDLE darauf hingewiesen, daß diese Regel auch auf komplizierte Fälle anwendbar ist (Survey of Progress in Chemistry, Vol. 1, 1963, 81–131).
66 Für eine rein kovalente Verbindung, den Diamanten, haben dies BRILL u. Mitarbeiter (Anmerkung 48) erfolgreich getan. Zwischen den C-Atomen herrscht hier – von dem gemeinsamen Elektronenpaar herrührend – eine hohe Elektronendichte.
67 Vgl. hierzu die Darlegungen von LESLIE E. ORGEL, An Introduction to Transition-Metall Chemistry, Ligand Field Theory, London, New York 1960.
68 Die klassische Darstellung der Valenzbindungstheorie findet sich bei L. PAULING, The Nature of the Chemical Bond, 2. Ed. London 1940 Chapter III, IV. Für eine Darstellung besonders der anorganischen Verbindungen siehe L. E. SUTTON, Chemische Bindung und Molekülstruktur, Heidelberg 1961.
69 Was hier gemeint ist, sei durch ein Bild angedeutet, das dem Buch von SUTTON (Anmerkung 68) entnommen ist.

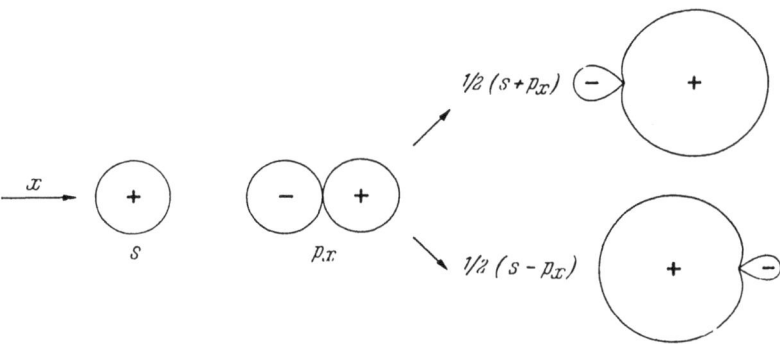

Abb. 18. Die Bildung von sp-Orbitalen aus einem s- und einem p_x-Orbital

70 H. HARTMANN, Theorie der chemischen Bindung auf quantentheoretischer Grundlage. Berlin, Göttingen, Heidelberg 1954; sowie z.B. H. HARTMANN, A. L. SCHLÄFER, Angew. Chem. Bd. 66 (1954), 768; F. E. ILSE, H. HARTMANN, Z. physikal. Chem. Bd. 197 (1951), 239; Z. Naturforschg. Bd. 6a (1951), 751.
71 J. OWEN, J. Inorg. Nuc. Chem. Vol. 8 (1958), 430.
72 Vgl. F. BASOLO u. R. G. PEARSON, Mechanism of Inorganic Reactions, New York 1958.
73 Z.B. Ir(N_2)PPh$_3$)$_2$Cl (Ph = Phenyl), Gmelin-Handbuch d. Anorg. Chemie. Ir, Iridium, Ergänzungsband 2, 1978.
74 Gmelin-Handbuch d. Anorg. Chemie, »Edelgase« (1926).
75 W. KOSSEL, Ann. Physik (4) Bd. 49 (1916), 230, 354.
76 Weitere Überlegung für oder gegen eine Verbindungsbildung siehe Gmelin-Handbuch d. Anorg. Chemie, Edelgasverbindungen (1970).
77 L. PAULING, J. Amer. Chem. Soc. Vol. 55 (1933) 1895, hat hier richtig vorausgesehen.
78 G. C. PIMENTEL, J. Chem. Phys. Vol. 19 (1951), 446.
79 A. VON ANTROPOFF, K. WEIL u. FRAUENHOF, Naturwissenschaften Bd. 20 (1932), 688 hatten ihre Beobachtungen falsch gedeutet; O. RUFF u. W. MENZEL, Z. anorg. allg. Chem. Bd. 213 (1933), 206 sowie D. M. YOST u. A. L. KAYE, J. Amer. Chem. Soc. Vol. 55 (1933), 3890 hatten keinen Erfolg.
80 N. BARTLETT u. D. H. LOHMANN, Proc. Chem. Soc. London 1962, 115.
81 Das erste Ionisierungspotential von molekularem Sauerstoff beträgt 12,2 eV.
82 N. BARTLETT, Proc. Chem. Soc. London 1962, 218. Endeavour, Bd. XXIII (1964), 3–7.
83 H. H. CLAASSEN, H. SELIG, J. G. MALM, J. Amer. Chem. Soc., Vol. 84 (1962), 3593.
84 Hätten die früheren Autoren wie RUFF und MENZEL sowie YOST und KAYE (Anmerkung 79) keine Quarzapparaturen verwendet, so hätten sie die Edelgasverbindung schon damals isolieren können.
85 R. HOPPE, N. DÄHNE, H. MATTAUCH, K. M. RÖDDER, Angew. Chemie Bd. 74 (1962), 903.
86 Einzelheiten siehe Gmelin-Handbuch d. Anorg. Chemie, Edelgasverbindungen, 1970.
87 Vgl. Gmelin-Handbuch d. Anorg. Chemie, Bd. Ti, Titanorganische Verbindungen, Teil 1, 1977, Teil 2, 1980.
88 Entdeckt von MCMILLAN u. ABELSON, isoliert von MAGNUSSON u. LA CHAPELLE.

89 Zur Entdeckungsgeschichte siehe Gmelin-Handbuch der Anorg. Chemie, Transurane, Bd. A 1, I Elemente, 1973.
90 Entnommen dem Artikel von GLENN T. SEABORG, Gmelin-Handbuch s. Anmerkung 89.
91 Entnommen dem Heidelberger Taschenbuch »Komplexchemie« (1970) von MARGOT BECKE-GOEHRING u. HARALD HOFFMANN.
91a Die Eisenkomplexe werden hier nur als ein erster Prototyp erwähnt. Es könnte genauso auf z. B. die ebenen Platinkomplexe mit ihrer Antitumorwirkung verwiesen werden (vgl. B. ROSENBERG et al., Nature Vol. 222 (1969), 385) und auf viele andere Verbindungen.
92 L. PAULING, The Nature of the Chemical Bond, 2. Aufl., London 1940, 39 ff.
93 Natürlich ist die Koordinationszahl, die ja durch die Größe der Atome bzw. der Ionen bestimmt wird, auch abhängig von der Bindungsart, so daß der Schluß, wie ihn PAULING vereinfachend gezogen hat, nicht ganz richtig ist.
94 L. PAULING, wie Anmerkung 92, S. 47 ff.
95 H. J. EMELÉUS, R. N. HASZELDINE, Organometallic and Organometalloidal Compounds Containing Fluoroalkyl Groups, Science (2) Vol. 117 (1953), 311–315.
H. J. EMELÉUS, Metallic Compound Containing Fluorcarbon Radicals and Organometallic Compounds Containing Fluorine, in J. H. Simons Fluorine Chemistry, Vol. 2, New York 1954, 321–332.
H. J. EMELÉUS, Neuere Ergebnisse auf dem Gebiet der Fluoralky- und verwandter Verbindungen. Angew. Chemie Bd. 74 (1962), 189–193.
96 Wörtlich nach A. HAAS, Gmelin Handbuch d. Anorg. Chemie, Perfluorhalogenorgano-Verbindungen der Hauptgruppenelemente, Teil 1, 1973.
97 Gmelin-Handbuch der Anorg. Chemie, Perfluorhalogenorgano-Verbindungen der Hauptgruppenelemente, 1973–1979 7 Bände (weitere im Druck).
98 G. H. CADY, Fluorine-Containing Compounds of Sulfur, Advances in Inorganic Chemistry and Radiochemistry, Vol. 2 (1960), 105–157. F. SEEL, Lower Sulfur Fluorides, ebenda, Vol. 16 (1974), 260–333; vor allem Gmelin-Handbuch d. Anorg. Chemie, S, Erg. Bd. 2, Schwefelhalogenide, 1978.
99 Siehe 20 Bände über Borverbindungen im Gmelin-Handbuch d. Anorg. Chemie von 1974 bis 1979.
100 G. FRITZ hat mehr als 170 Arbeiten über Carbosilane, Silylphosphane und deren Derivate publiziert. Jede Arbeit enthält eigentlich ein überraschendes Ergebnis. Eine zusammenfassende, handbuchmäßige Darstellung steht noch aus.
101 U. WANNAGAT, Neue silicium- und stickstoffhaltige anorganische Ringsysteme, Chemiker Ztg. Bd. 97 (1973), 105 und viele weitere Arbeiten.
102 Vgl. E. FLUCK u. W. HAUBOLD in Gmelin-Handbuch d. Anorg. Chemie, Schwefel-Stickstoff-Verbindungen, Teil 1, 1977; Teil 2, im Druck.
103 Vgl. z. B. S. PANTEL, M. BECKE-GOEHRING, Sechs- und achtgliedrige Ringsysteme in der Phosphor-Stickstoff-Chemie, Berlin, Heidelberg, New York 1969; H. W. ROESKY, Lineare Halogenphosphazene, Chemiker Ztg. Bd. 96 (1972), 487; H. R. ALLCOCK, Polyorganophosphazene – ungewöhnliche neue Hochpolymere, Angew. Chem. Bd. 89 (1977), 153.
104 E. FLUCK, Themen zur Chemie des Phosphors, Heidelberg 1973. E. FLUCK u. D. WEBER, Phosphito-phosphanes, in Homoatomic Rings, Chains and Macromolecules of Main-Group Elements, Amsterdam 1977, 449–461.
104a E. FLUCK et al. Z. Naturforschg. Bd. 31 b (1976), 419.
105 Zu den SN-Verbindungen vgl. z. B. H. G. HEAL, The Sulfur Nitrides, Advances in Inorganic Chemistry, Vol. 15 (1972), 375–412. Zu einem besonders komplexen Käfig der PN-Chemie E. FLUCK, J.-E. FÖRSTER, E. HÄDICKE, Z. Naturforschg. Bd. 32 b (1977), 499–506.

106 In dieser Verbindung ist ein S_4N_4-Molekül über zwei S-Atome mit einer $-N=S=N-$ Einheit, die auch mit offenen Liganden bekannt ist, verknüpft. T. CHIVERS, J. PROCTOR, J. Chem. Soc. Chem. Commun. 1978, 642.
107 A. SIMON, Z. Anorg. Allg. Chem. Bd. 355 (1967), 311.
108 Zusammenfassende Darstellung in kurzer Form bei A. SIMON, Strukturchemie metallreicher Verbindungen, Chemie in unserer Zeit, 10. Jahrgang 1976, Nr. 1.
109 R. J. GILLESPIE et al. Can. J. Chem. Vol. 52 (1974), 791: Alchemist's Gold, $Hg_{2.86}AsF_6$.
110 Mit $Hg^{0.33}$-Kationen und Anionenleerstellen.
111 A. G. MACDIARMID et al., Inorg. Chem. Vol. 17 (1978), 646, haben die Struktur durch eine Neutronenbeugungsanalyse aufgeklärt. Die Abbildung stammt aus Nachr. Chem. Techn. Lab. Bd. 27 (1979), 55.
112 Zu dem großen Gebiet der Supraleiter kann hier nicht Stellung genommen werden. Es sei nur erwähnt, daß nicht nur die physikalische Seite weiterentwickelt wird, sondern daß sich hier auch der Anorganischen Chemie viele Probleme stellen. Auch das weite Feld solcher Festkörper wird sich in der nächsten Zeit lebhaft entwickeln.
113 Abbildung aus Nachr. Chem. Techn. Lab. Bd. 27 (1979), 57.
114 Eine kurze zusammenfassende Darstellung über diesen viel untersuchten Typ aus der Gruppe der aktuellen Superionenleiter hat A. RABENAU gegeben in Festkörperprobleme XVIII (1978), 77; vgl. a. Nachr. Chem. Techn. Lab. 26 (1978), 310.
115 Es war eine ganz neue Entdeckung, daß es N^{3-} gibt!
116 Eine kurze Zusammenfassung zahlreicher Arbeiten hat A. SIMON gegeben in Chemie in unserer Zeit, 10. Jahrg. (1978), 6 ff. Die Abbildung ist dieser Arbeit entnommen.
117 Gmelin-Handbuch d. Anorg. Chemie, Borverbindungen, Teil 20, 1979.
118 R. BRILL, H. DIETRICH, H. DIERKS, Angew. Chemie Bd. 82 (1970), 519; Acta Cryst. Bd. B 27 (1971), 2003; Z. Krist. Bd. 132 (1970), 423.
119 Gmelin-Handbuch d. Anorg. Chemie, Borverbindungen, Teil 2 (1974).

Inhalt
Jahrgang 1979/80

H. P. Schmitt
Akute und intervalläre Strahlenschäden des Zentralnervensystems 1

W. v. Engelhardt
Phaetons Sturz – ein Naturereignis? 157

R. Haas
Influenza – Bagatelle oder tödliche Bedrohung? 201

T. Kirsten (Hrsg.)
Geophysik in Heidelberg 225

M. Becke-Goehring
Anorganische Chemie zwischen gestern und morgen. Ein Fragment 337

Sitzungsberichte der Heidelberger Akademie der Wissenschaften
Mathematisch-naturwissenschaftliche Klasse
Erschienene Jahrgänge

Inhalt des Jahrgangs 1969/70:
1. N. Creutzburg und J. Papastamatiou. Die Ethia-Serie des südlichen Mittelkreta und ihre Ophiolithvorkommen. Antiquarisch. Preis auf Anfrage.
2. E. Jammers, M. Bielitz, I. Bender und W. Ebenhöh. Das Heidelberger Programm für die elektronische Datenverarbeitung in der musikwissenschaftlichen Byzantinistik. Antiquarisch. Preis auf Anfrage.
3. M. Knebusch. Grothendieck- und Wittringe von nichtausgearteten symmetrischen Bilinearformen. (vergriffen).
4. W. Rauh und K. Dittmar. Weitere Untersuchungen an Didiereaceen. 3. Teil. Antiquarisch. Preis auf Anfrage.
5. P. J. Beger. Über „Gurkörperchen" der menschlichen Lunge. Antiquarisch. Preis auf Anfrage.

Inhalt des Jahrgangs 1971:
1. E. Letterer. Morphologische Äquivalentbilder immunologischer Vorgänge im Organismus. (vergriffen).
2. J. Herzog und E. Kunz. Die Wertehalbgruppe eines lokalen Rings der Dimension 1. (vergriffen).
3. W. Maier. Aus dem Gebiet der Funktionalgleichungen. Antiquarisch. Preis auf Anfrage.
4. H. Hepp und H. Jensen. Klassische Feldtheorie der polarisierten Kathodenstrahlung und ihre Quantelung. Antiquarisch. Preis auf Anfrage.
5. H. Koppe und H. Jensen. Das Prinzip von d'Alembert in der Klassischen Mechanik und in der Quantentheorie. (vergriffen).
6. W. Doerr. Wandlungen der Krankheitsforschung. (vergriffen).
7. K. Hoppe. Über die spektrale Zerlegung der algebraischen Formen auf der Graßmann-Mannigfaltigkeit. Antiquarisch. Preis auf Anfrage.

Inhalt des Jahrgangs 1972:
1. W. H. H. Petersson. Über Thetareihen zu großen Untergruppen der rationalen Modulgruppe. (vergriffen).
2. W. Doerr. Pathologie der Coronargefäße. Anthropologische Aspekte. (vergriffen).
3. H. Bippes. Experimentelle Untersuchung des laminar-turbulenten Umschlags an einer parallel angeströmten konkaven Wand. Antiquarisch. Preis auf Anfrage.
4. K. Goerttler. Stimme und Sprache. Antiquarisch. Preis auf Anfrage.
5. B. L. van der Waerden. Die „Ägypter" und die „Chaldäer". (vergriffen).

Inhalt des Jahrgangs 1973:
1. V. Becker. Form, Gestalt und Plastizität. (vergriffen).
2. H. Neunhöffer. Über die analytische Fortsetzung von Poincaréreihen. (vergriffen).
3. F. W. Rieben. Zur Orthologie und Pathologie der Arteria vertebralis. Antiquarisch. Preis auf Anfrage.
4. W. Doerr. Über die Bedeutung der pathologischen Anatomie für die Gastroenterologie. (vergriffen).
V. H. Bauer. Das Antonius-Feuer in Kunst und Medizin. Supplement zum Jahrgang 1973. DM 68.00.

Inhalt des Jahrgangs 1974:
1. H. Seifert. Minimalflächen von vorgegebener topologischer Gestalt. DM 12.00
2. A. Dinghas. Zur Differentialgeometrie der klassischen Fundamentalbereiche. DM 20.80.
3. Th. Nemetschek. Biosynthese und Alterung von Kollagen. DM 19.50.
4. W. Doerr, W.-W. Höpker und J. A. Rossner. Neues und Kritisches vom und zum Herzinfarkt. (vergriffen).
W. W. Höpker. Spätfolgen extremer Lebensverhältnisse. Supplement zum Jahrgang 1974. (vergriffen).

Inhalt des Jahrgangs 1975:

1. M. Ratzenhofer. Molekularpathologie. DM 32.00
2. E. Kauker. Vorkommen und Verbreitung der Tollwut in Europa von 1966-1974. DM 19.00.
3. H. E. Bock. Die Bedeutung von Konstellation und Kondition für ärztliches Handeln. DM 16.00.
4. G. Schettler. Neue Ergebnisse der klinischen Fettstoffwechselforschung. (vergriffen).
   V. Becker und H. Schmidt. Die Entdeckungsgeschichte der Trichinen und der Trichinosis. Supplement zum Jahrgang 1975. DM 28.00.

Inhalt des Jahrgangs 1976:

1. W. Bersch und W. Doerr. Reitende Gefäße des Herzens. Homologiebegriff und Reihenbildung. DM 38.00.
2. H. Schipperges. Arabische Medizin im lateinischen Mittelalter. DM 68.00.
3. M. Steinhausen and G. A. Tanner. Microcirculation and Tubular Urine Flow in the Mammalian Kidney Cortex (in vivo Microscopy). (vergriffen).
4. C. J. Hackett. Diagnostic Criteria of Syphilis, Yaws and Treponarid (Treponematoses) and of Some Other Diseases in Dry Bones (for Use in Osteo-Archaeology). (vergriffen).
5. W. Doerr, J. A. Roßner, R. Dittgen, P. Rieger, H. Derks und G. Berg. Cardiomyopathie, idiopathische und erworbene, Formen und Ursachen. DM 50.00.
   H. Hamperl. Robert Rössle in seinem letzten Lebensjahrzehnt (1946-1956). Supplement 1. DM 32.00.
   W.-W. Höpker. Obduktionsgut des Pathologischen Institutes der Universität Heidelberg 1841-1972. Supplement 2. DM 58.00.

Inhalt des Jahrgangs 1977:

1. H. Schaefer. Kind - Familie - Gesellschaft. DM 28.80.
2. F. Gross. Homo Pharmaceuticus. DM 15.00.
3. G. Döhnert. Über lymphoepitheliale Geschwülste. DM 48.00.
4. W. Doerr und J. A. Roßner. Toxische Arzneiwirkungen am Herzmuskel. DM 48.00.
5. H. Riedl und T. Nemetschek. Molekularstruktur und mechanisches Verhalten von Kollagen. DM 28.00.
   W.-W. Höpker. Das Problem der Diagnose und ihre operationale Darstellung in der Medizin. Supplement 1. DM 36.00
   H. A. Gathmann und R. D. Meyer. Der Kleeblattschädel. Ein Beitrag zur Morphogenese. Supplement 2. DM 48.00.

Inhalt des Jahrgangs 1978:

1. H. W. Doerr. Beiträge zur Epidemiologie von Infektionskrankheiten am Modell der humanen Herpesviren. DM 59.80.
2. H. J. Jusatz (Hrsg.). Beiträge zur Geoökologie der Zentraleuropäischen Zecken-Encephalitis. DM 34.00.
3. H. Neunhöffer. Über Kronecker-Produkte irreduzibler Darstellungen von $SL(2, \mathbb{R})$. DM 49.80.
4. H. Meineke. Mathematische Theorie der relativen Koordination und der Gangarten von Wirbeltieren. DM 49.80.
5. F. Linder. Der Stand der chirurgischen Therapie in der modernen Krebsbehandlung. DM 22.00.
6. H. Schildknecht. Über die Chemie der Sinnpflanze *Mimosa pudica L.* DM 48.00.

Inhalt des Jahrgangs 1979/80:

1. H. P. Schmitt. Akute und intervalläre Strahlenschäden des Zentralnervensystems. DM 84.00.
2. W. v. Engelhardt. Phaetons Sturz - ein Naturereignis? DM 26.00.
3. R. Haas: Influenza - Bagatelle oder tödliche Bedrohung? DM 19.80.
4. T. Kirsten (Hrsg.). Geophysik in Heidelberg. DM 52.00.
5. M. Becke-Goehring. Anorganische Chemie zwischen gestern und morgen. Ein Fragment. DM 24.-.

Preisänderungen vorbehalten

Springer-Verlag Berlin Heidelberg GmbH

If you have any concerns about our products,
you can contact us on
ProductSafety@springernature.com

In case Publisher is established outside the EU,
the EU authorized representative is:
**Springer Nature Customer Service Center GmbH
Europaplatz 3, 69115 Heidelberg, Germany**

Printed by Libri Plureos GmbH
in Hamburg, Germany